大同市新荣区
耕地地力评价与利用

贾天利　主编

中国农业出版社
北　京

本书全面系统地介绍了山西省大同市新荣区耕地地力评价与利用的方法及内容。首次对新荣区耕地资源历史、现状及问题进行了分析、探讨，并引用大量调查分析数据对新荣区耕地地力、中低产田地力做了深入细致的分析。揭示了新荣区耕地资源的本质及目前存在的问题，提出了耕地资源合理改良利用的意见。本书为各级农业科技工作者、各级农业决策者制订农业发展规划，调整农业产业结构，加快绿色、无公害、有机农产品基地建设步伐，保证粮食生产安全，科学施肥，退耕还林还草，以及节水农业、生态农业及农业现代化、信息化建设提供了科学依据。

本书共八章。第一章：自然与农业生产概况；第二章：耕地地力调查与质量评价的内容和方法；第三章：耕地土壤的立地条件和农田基础设施；第四章：耕地土壤属性；第五章：耕地地力评价；第六章：中低产田类型分布及改良利用；第七章：耕地地力评价与测土配方施肥；第八章：耕地地力评价的应用研究。

本书适宜从事农业技术推广与农业生产管理的人员阅读。

编写人员名单

主　　编：贾天利

副主编：张　称　王　功

编写人员（按姓氏笔画排序）：

王　启　王　捧　石　河　石文廷

任建新　刘　平　刘子英　刘志龙

李文军　杨和平　杨新莲　宋　平

宋　敏　张彦波　张登继　赵　立

赵建斌　郭　海　曾　盛

序

农业是国民经济的基础，农业发展是关系国计民生的大事。为适应我国农业发展的需要，确保粮食安全和增强我国农产品竞争的能力，促进农业结构战略性调整和优质、高产、高效、安全农业的发展，针对当前我国耕地土壤存在的突出问题，2009 年，在农业部精心组织和部署下，新荣区成为测土配方施肥补贴项目区。根据《全国测土配方施肥技术规范》积极开展了测土配方施肥工作，同时认真实施了耕地地力调查与评价。在山西省土壤肥料工作站、山西农业大学资源环境学院、大同市土壤肥料工作站、新荣区农业委员会、新荣区土壤肥料工作站科技人员的共同努力下，新荣区于 2012 年完成了耕地地力调查与评价工作。通过耕地地力调查与评价工作的开展，摸清了新荣区耕地地力状况，查清了影响当地农业生产持续发展的主要制约因素，建立了新荣区耕地地力评价体系，提出了新荣区耕地资源合理配置及耕地适宜种植、科学施肥及土壤退化修复的意见和方法，初步构建了新荣区耕地资源信息管理系统。这些成果为全面提高新荣区农业生产水平，实现耕地质量计算机动态监控管理，适时提供辖区内各个耕地基础管理单元土、水、肥、气、热状况及调节措施提供了基础数据平台和管理依据。同时，也为各级农业决策者制订农业发展规划，调整农业产业结构，加快无公害、绿色、有机食品基地建设步伐，保证粮食生产安全以及促进农业现代化建设提供了第一手的资料和最直接的科学依据，也为今后大面积开展耕地地力调查与评价工作、实施耕地综合生产能力建设、发展旱作节水农业、测土配方施肥及其他农业新技术普及工作提供了技术支撑。

本书系统地介绍了耕地地力评价的方法与内容，应用大量的调查分析资料，分析研究了新荣区耕地资源的利用现状及问题，提出了合理利用的对策和建议。该书集理论指导性和实际应用性为一体，是一本值得推荐的实用技术读物。该书的出版将对新荣区耕地的培肥和保养、耕地资源的合理配置、农业结构调整及提高农业综合生产能力起到积极的促进作用。

王高勇

2018 年 5 月

前 言

　　耕地是人类获取粮食及其他农产品最重要的、不可替代、不可再生的资源，是人类赖以生存和发展的最基本的物质基础，是农业发展必不可少的根本保障。中华人民共和国成立以后，山西省大同市新荣区先后开展了两次土壤普查。两次土壤普查工作的开展，为新荣区国土资源的综合利用、施肥制度改革、粮食生产安全做出了重大贡献。近年来，随着农村经济体制的改革以及人口、资源、环境与经济发展矛盾的日益突出，农业种植结构、耕作制度、作物品种、产量水平，肥料、农药使用等方面均发生了巨大变化，产生了诸多如耕地数量锐减、土壤退化污染、水土流失等问题。针对这些问题，开展耕地地力评价工作是非常及时、必要和有意义的。特别是对耕地资源合理配置、农业结构调整、保证粮食生产安全、实现农业可持续发展有着非常重要的意义。

　　新荣区耕地地力评价工作，于 2009 年 1 月底开始，至 2012 年 12 月结束，完成了新荣区 7 个乡（镇）、140 个行政村的 49.03 万亩*耕地的调查与评价任务。3 年共采集大田土样 4 600 个，调查访问了 300 家农户的农业生产、土壤生产性能、农田施肥水平等情况；认真填写了采样地块登记表和农户调查表，完成了 4 600 个样品常规化验，1 748 个样品中微量元素分析化验、数据分析和收集数据的计算机录入工作；基本查清了新荣区耕地地力、土壤养分、土壤障碍因素状况，划定了新荣区农产品种植区域；建立了较为完善的、可操作性强的、科技含量高的新荣区耕地地力评价体系，并充分应用 GIS、GPS 技术初步构筑了新荣区耕地资源信息管理系统；提出了新荣区耕地保护、地力培肥、耕地适宜种植、科学施肥及土壤退化修复办法等；形成了具有生产指导意义的 18 幅

---

* 亩为非法定计量单位，1 亩＝1/15 公顷。——编者注

数字化成果图。收集资料之广泛、调查数据之系统、成果内容之全面是前所未有的。这些成果为全面提高农业工作的管理水平，实现耕地质量计算机动态监控管理，适时提供辖区内各个耕地基础管理单元土、水、肥、气、热状况及调节措施提供了基础数据平台和管理依据。同时，也为各级农业决策者制订农业发展规划，调整农业产业结构，加快无公害、绿色、有机食品基地建设步伐，保证粮食生产安全，进行耕地资源合理改良利用，科学施肥以及退耕还林还草、节水农业、生态农业、农业现代化建设提供了第一手资料和最直接的科学依据。

为了将调查与评价成果尽快应用于农业生产，在全面总结新荣区耕地地力评价成果的基础上，引用了大量成果应用实例和第二次土壤普查、土地详查有关资料，编写了《大同市新荣区耕地地力评价与利用》一书。首次比较全面系统地阐述了新荣区耕地资源类型、分布、地理与质量基础、利用状况、改良措施等，并将近年来农业推广工作中的大量成果资料录入其中，从而增加了该书的可读性和可操作性。

在本书编写的过程中，承蒙山西省土壤肥料工作站、山西农业大学资源环境学院、大同市土壤肥料工作站、新荣区农业委员会、新荣区土壤肥料工作站广大技术人员的热忱帮助和支持，特别是新荣区农业委员会、新荣区土壤肥料工作站的工作人员在土样采集、农户调查、土样分析化验、数据库建设等方面做了大量的工作。大同市土壤肥料工作站高级农艺师贾天利同志安排部署了本书的编写，大同市土壤肥料工作站站长张登继同志、新荣区农业委员会主任王启、副主任张称同志、新荣区土壤肥料工作站站长王功同志指导完成编写工作；参与野外调查和数据处理的工作人员有刘志龙、张彦波、席振兴、刘子英、赵建斌、王江平、郭海、荣广存、宋平、刘平、李文豪、霍志刚、麻玉忠等同志；土样分析化验工作由大同市土壤肥料工作站化验室完成；图形矢量化、土壤养分图、耕地地力等级图、中低产田分布图、数据库和地力评价工作由山西农业大学资源环境学院和山西省土壤肥料工作站完成；野外调查、室内数据汇总、图文资料收集和文字编写工作由新荣区农业委员会、新荣区土壤肥料工作站完成，在此一并致谢。

由于水平有限，书中疏漏在所难免，恳请读者批评指正。

编　者

2018 年 5 月

目录

序

前言

第一章 自然与农业生产概况

第一节 自然与农村经济概况

一、历史沿革

  山西省新荣区历史悠久，早在新石器时期，我们的祖先就在这里繁衍生息。春秋时期，为北狄游牧民族理想的牧地；战国，赵武灵王"胡服骑射"，扩疆千里，纳入赵国版图；秦汉属雁门郡武周塞；北魏属京畿之地，设方山县；唐宋属云中县；辽金属宣宁县；明属大同府大同县；清分属大同、左云两县。中华人民共和国成立后，隶属察哈尔省大同、左云两县。1952 年 11 月，撤察哈尔省，改属山西省雁北专区。1954 年 7 月，大同、怀仁两县并为大仁县，今新荣镇、西村乡、堡子湾乡、花园屯乡，归属大仁县；郭家窑、破鲁堡两乡仍属左云县；上深涧乡属大同市郊区，均隶属山西省雁北专区。1958 年 11 月，大仁县并入大同市，原属大仁县的乡、村归属大同市郊区；同年 12 月，大同市设立城区、郊区、古城区、怀仁区、口泉区、云冈区，原属大同市郊区的乡、村归属口泉区、云冈区。同年，左云县、右玉县合并为左右县，郭家窑乡、破鲁堡乡属之。1960 年 4 月，大同市设古城区，新荣分属大同市古城区和左右县，隶属山西省晋北专区。1964 年 11 月，撤销大同市古城区，此地分属山西省雁北地区大同、左云两县。1970 年 4 月，设大同市北郊区。1972 年 3 月，大同市北郊区改为山西省雁北地区新荣县，因国务院没有批准建县，于同年 4 月 5 日，撤销县制，改为大同市新荣区，隶属山西省大同市，共辖 11 个人民公社。1984 年，恢复乡村体制，全区建制 10 乡 1 镇：新荣镇、花园屯乡、镇川堡乡、堡子湾乡、拒墙堡乡、乡村乡、户部乡、破鲁堡乡、郭家窑乡、东胜庄乡和上深涧乡。2001 年 3 月，机构改革，合并为 6 乡 1 镇，其中，东胜庄乡并入郭家窑乡，拒墙堡乡并入堡子湾乡，户部乡并入西村乡，镇川堡乡并入花园屯乡。至 2009 年底，新荣区共 140 个行政村，总人口 11.32 万人，居住着汉、满、蒙、回、藏 5 个民族的人民。

二、地理位置与行政区划

  新荣区位于山西省北部，长城脚下，大同盆地北缘。地理坐标为北纬 $40°07'\sim40°25'$，东经 $112°52'\sim113°31'$。北与内蒙古自治区丰镇市、凉城县交界，东西分别与山西省的阳高县、大同县、左云县接壤，南与大同市南郊区毗邻。全区东西长 54 千米，南北宽 31.5 千米，总土地面积 150.94 万亩。其中，山地 31.24 万亩，占总土地面积的 20.7%；丘陵及平川 119.70 万亩，占总土地面积的 79.3%。全区海拔为 1 100～2 144.6 米。

  新荣区隶属于大同市，全区 6 乡 1 镇，140 个行政村，29 794 万户。其中，农业户

26 982户。全区总人口2011年年底109 160人，其中农业人口48 393人，人口密度96人/平方千米，相当于山西省平均密度的52%，是山西省人少地多的县区之一。新荣镇是新荣区政治、经济、文化的中心，也是区委、区政府所在地。见表1-1。

表1-1 新荣区行政区划与人口情况（2011年）

乡（镇）	总人口（人）	总户数（户）	村民委员会（个）	劳动力总数（人）
新荣镇	21 442	4 773	15	5 578
郭家窑乡	13 182	5 151	25	7 701
破鲁堡乡	10 200	3 310	16	4 560
上深涧乡	18 206	4 051	14	8 341
花园屯乡	17 369	6 564	26	7 983
堡子湾乡	17 016	6 433	24	7 865
西村乡	11 745	4 895	20	6 356
总　计	109 160	41 018	140	48 393

三、土地、矿产等资源概况

新荣区资源禀赋十分优越，一是矿产资源丰富，探明的矿产资源有煤炭、石墨、玄武岩、紫砂页岩、辉绿岩、云母、石英砂、重晶石、长石和磨石等，已探明储量和有开采价值的主要是煤炭、石墨、玄武岩、紫砂页岩、辉绿岩。尤以煤炭资源最为丰富，境内探明煤炭资源储量1.2亿吨，是全国优质动力煤基地区。煤炭资源主要分布在上深涧乡和西村乡山区的北辛窑、前窑、后所沟、甘庄、夏庄、白山等村，属大同煤田。地质年代系中生界，侏罗系中统云冈组，煤层厚度为2~5米，个别厚度达7米。地质构造简单，煤层倾斜平缓，埋藏深度小于600米，开采条件较好。目前，共有煤矿28座，年产量400多万吨，具备了持续稳定发展的必要条件。石墨是新荣区主要矿种之一，分布于堡子湾乡宏赐堡的石墨属山西省最大的石墨矿床。探明矿体长950米、厚10~100米，经选矿试验，符合一级品石墨标准。由于石墨具有耐高温、耐腐蚀、特殊耐热性能及导电性、化学稳定性、涂敷性及润滑性等特点，工业用途十分广泛。国内外对石墨的需求量，随着科学技术的发展和进步也越来越大。玄武岩主要分布在本区镇川西寺村一带和堡子湾的部分区域，是一种用于耐腐蚀、耐磨的铸石水泥原料和建筑材料。近年来，国内外大量采用玄武岩制成的岩棉板作为保温隔热新材料，有较大的开发潜力。紫砂页岩分布于破鲁堡乡的部分地域及上深涧、西村、郭家窑、东胜庄、堡子湾等乡，储量丰富，易于开采。经山西省玻璃陶瓷研究所化验，其理化性能符合生产紫砂陶建筑材料，以及玻璃瓦、红地砖、彩色墙砖和工艺品，具有较高的开发利用价值。辉绿岩集中分布于堡子湾、花园屯2个乡，共有26个矿带，是豪华建筑高档装饰材料，质地细腻、典雅庄重，加工成光洁如镜的板材，深受日本和东南亚各国欢迎，开发利用价值很大。

二是土地十分广阔，生物资源种类多样。新荣区土地资源相对丰富，但质量较差，水土流失严重。全区土地面积150.94万亩，人均土地面积13.82亩，是全省人均土地面积8.1亩的1.9倍，是大同市人均面积2.9亩的5.4倍。该区为晋北杂粮区，农产品有胡麻、莜麦、谷子、马铃薯、糜黍、豆类、高粱、玉米、荞麦、西瓜、甜瓜等，以及以秋菜为主的短生育期蔬菜等，品种繁多。全区天然牧坡和人工草地达20.1万亩，成为经济建设特别是农牧业发展的巨大优势。天然牧坡草地可分为山地灌丛、山地草原和低湿草甸三大类。山地灌丛草地主要分布在雷公山等较高山地的中下部，以虎榛子、绣线菊、黄刺玫等灌木牧草为主，平均亩产140千克。山地草原类草地主要分布在采凉山、西寺山、弥陀山、山深涧、孤山等山地梁峁，以旱生禾草、百里香、蒿类为主，是当地家畜的主要放牧地，平均亩产青草110千克。低湿草甸类草地主要分布在得胜、拒墙堡、郭家窑等处的河滩地上，主要草种有寸草苔、荆三棱、碱草等，平均亩产青草160千克。野生牧草资源以花园屯、西村、郭家窑等乡的坡梁为优质草地，其中花园屯乡道士窑村因牧坡草质优良，出产风味独特的"道士窑羊肉"，其肉质细嫩色鲜、不腻不膻，为一般羊肉所无法攀比，远近驰名。大牲畜有牛、马、驴、骡。牛的主要品种有蒙古牛、万荣大黄牛、杂交牛和黑白花乳牛；马以蒙古马为主；驴有广灵驴和本地驴。家畜、家禽动物主要有猪、羊、鸡、兔等。野生动物有野兔、野鸡、狼、狐、黄鼠、田鼠等。

三是森林资源丰富，主要有用材林和经济林。用材林主要有杨、榆、柳、油松、落叶松、樟子松。经济林主要有苹果、杏、李、苹果梨、葡萄等。全区林地面积66.71万亩，林木覆盖率达49.70%；

四是旅游资源开发潜力巨大，新荣区山川形胜，古迹众多，境内有国家一级文物（北魏冯太后永固陵）1处，省级重点文物保护单位13处，是大同市近郊唯一的集人文景观、自然景观于一体的旅游胜地。永固陵、得胜堡、太玄观等名胜古迹和采凉山、饮马河等自然景观极具开发价值。

据统计资料显示，新荣区国土总面积150.94万亩。其中，耕地面积49.03万亩，占总面积的32.48%；林地面积66.71万亩，占总面积的44.20%；牧草地面积20.10万亩，占总面积的13.32%；水域及水利设施用地4.11万亩，占总面积的2.72%；工矿用地1.3万亩，占总面积的0.86%；交通用地3.50万亩，占总面积的2.32%；住宅用地3.57万亩，占总面积的2.37%；公共管理与公共服务用地面积0.4万亩，占总面积的0.27%；特殊用地0.39万亩，占总面积的0.26%；暂难利用地1.83万亩，占总面积的1.20%。耕地面积中，水浇地2.81万亩，占总耕地面积的5.73%，旱地面积46.21万亩，占总耕地面积的94.27%。全区人均占有土地13.82亩，人均占有耕地4.49亩，农业人口人均占有耕地5.97亩。

四、地形地貌与土壤类型

新荣区地处黄土高原北部，全区地势北高南低，东西隆凸而中部低洼。北部外长城环抱南顾，南部雷公山虎踞北望，东部大同市最高山脉采凉山雄峙，西部马头山仰止争锋，更有弥陀山点缀中北，雄浑伟岸，东西南北和而不同，各领风骚无限风光。境内以缓坡丘陵为主，地形起伏变化较大。淤泥河、饮马河、万泉河及主要支流两岸较低平，形成山、丘间小盆地和宽谷地；东部、南部、西北部较高。全区海拔为1 100~2 144.6米，最高为东部采凉山主峰2 144.6米，最低为花园屯乡黍地沟村1 100米。其中，海拔1 400~2 144.6米的土石山区面积为31.24万亩，占总面积的20.7%；海拔1 100~1 400米的缓坡丘陵及河川阶地面积为119.70万亩，占总面积的79.3%。

新荣区土壤分布受地形地貌、水文地质、生物植被、气候、人为耕作活动等因素的影响，随着海拔高度的变化，由高到低呈现有规律的分布，形成多样的土壤类型。共划分七大土类（山地草甸土、栗钙土、潮土、盐土、石质土、粗骨土和风沙土）。山地草甸土分布于本区东南部的采凉山海拔1 700米以上地区，面积为2.66万亩，占总面积的1.76%；栗钙土为新荣区的地带性土壤，分布于全区丘陵阶地沟川坡，面积为114.72万亩，占总面积的76.02%；潮土分布于淤泥河、饮马河、涓子河两岸，面积为17.38万亩，占总面积的11.51%；盐土分布于破鲁堡乡、郭家窑乡、堡子湾乡的河滩，面积为1.21万亩，占总面积的0.80%；石质土分布于花园屯、堡子湾、西村、上深涧等乡，面积为11.71万亩，占总面积的7.76%；粗骨土分布于西村、花园屯2个乡，面积为2.03万亩，占总面积的1.35%；风沙土分布于堡子湾乡境内长城沿线，面积为1.21万亩，占总面积的0.8%。

五、气候、植被与水文地质

（一）自然气候

新荣区属温带大陆性季风气候区，是典型的北方旱作雨养农业区。一年四季分明，冬长夏短，日照充足，无霜期短，降水较少，且分布不均，年际变化大。春季干旱多风，夏季炎热短暂，秋季多雨凉爽，冬季寒冷干燥是新荣区的气候显著特点。

1. 气温 据近年气象记载，新荣区年平均气温5.3℃，极端最低气温为—32.1℃，极端最高气温为37.7℃。光能资源丰富，年平均日照时数2 821.6小时，全年太阳总辐射量为610千焦/平方厘米，全年≥0℃活动积温2 600~2 900℃，≥10℃有效积温2 500℃。封冻期一般在11月初至次年4月初，为130~145天。冻土深度平均为154厘米，最深达166厘米，最浅达98厘米。无霜期110~125天。

2. 降水 新荣区降水因受季风的影响，暖湿气团在逐渐向西北深入的过程中，水分沿途消耗，成云致雨的可能性变化较大。据气象部门统计，近10年年平均降水量356.7毫米，历史上年最多降水量654.3毫米（1967年），年最少降水量220.2毫米（1965年）。新荣区降水量地区差异很大，一般随着海拔的升高，降水量增加，温度降低，所以，降水量山区多于丘陵、丘陵多于平川。因受副热带高压脊线北移影响，年降水量时空分布不均。一般冬春季稀少，夏秋季较多，60%的降水量集中在7月、8月、9月这3个月内，此时温度也高，雨热同期，对作物生长十分有利。但春季降水偏少，而且春季常刮西北风，很容易造成土壤干旱、作物缺苗断垄，素有"十年九春旱"之称。

3. 湿度与蒸发 新荣区绝对湿度每平方米年均水气压为6毫巴。相对湿度年均为57.6%，最高湿度出现在8月，为71.4%；最低湿度出现在4月，为46%；其他各月在

50%左右。年均蒸发量为 2 000 毫米，约等于年降水量的 5 倍，最少蒸发量出现在 1 月，平均为 27 毫米，最大蒸发量出现在 9 月，平均为 250 毫米，由于蒸发量大于降水量，形成全区"十年九旱"的规律。

4. 日照　新荣区太阳照射时间较长，强度大，日照资源丰富。全年平均累计日照时数为 2 821.6 小时，其中 5～6 月最多，为 473 小时，占全年日照时数的 16.76%；全年太阳辐射能量为 610 千焦/平方厘米，是山西省光能资源最丰富的地区之一。

5. 农业气象灾害　主要灾害如下：

（1）干旱：是影响新荣区农业生产的主要气象灾害，年平均降水只有 356.7 毫米，是种植业的最低标准，加上年际和年内分配不均，更加重了干旱的危害。特别是春季降水稀少，所以，新荣区基本是"十年九旱"，干旱成为新荣最大的自然灾害，粮食产量和年降水量的相关系数达到 0.75。

（2）风灾：大风是新荣的农业灾害之一，"一年一场风，从春刮到冬"，年平均风速为 2.9 米/秒左右，春季（3～5 月）风速最大，平均在 4.0～4.5 米/秒，瞬时风速可达 29 米/秒。大风对播种质量影响严重，大风吹走了肥沃的表土，也吹走了土壤的墒情，造成无法下种或出苗后旱死；秋季的大风经常造成作物倒伏减产。

（3）霜冻：新荣区无霜期平均只有 115 天左右，霜冻限制了新荣区农作物的种植，多数只能种植生育期较短的低产杂粮作物或生育期较短、产量较低的玉米品种。有时早霜提前来临，造成农作物大幅减产。

（4）洪涝：新荣区局部地区经常发生，以涓子河、淤泥河中下游两岸最为常见。

（5）冰雹：受境内地形复杂和北部丘陵区植被稀少影响，新荣区每年发生冰雹的次数较多，强度大，对局部地区农作物危害严重。

（二）植被状况

野生牧草以旱生禾草、百里香、蒿类、寸草苔、碱草为主；人工牧草主要是苜蓿、沙打旺。新荣区属干旱干草原植被，分为森林植被、草原植被两大类型。

1. 森林植被　新荣区境内森林资源比较丰富，并以人工林居多，分布于 7 个乡（镇）、140 个行政村的山地丘陵和平川上，全区林地面积 66.71 万亩，占土地总面积的 44.20%。新荣区植被属冷带植物区系，用材林树种主要有杨、榆、柳、油松、落叶松、樟子松、杜松、云杉等；经济林主要有苹果、杏、李、梨、葡萄等。

（1）境内花园屯乡的采凉山和西寺山、郭家窑乡的弥陀山、西村乡的四家山、新荣镇长城北的长城森林公园以油松、樟子松为主。

（2）20 世纪 70 年代栽植的老汉杨分布在全区各个地方，现在主要归山西省杨树局管辖。

（3）经济林主要分布在新荣区花园屯乡，主要有苹果、杏、李、梨、葡萄。

（4）灌木林主要以柠条、沙棘、黄刺玫为主。其中以柠条最多，柠条主要在 2000—2006 年实施京津风沙源治理工程、退耕还林工程种植，分布在新荣区各个乡（镇）。

2. 草原植被

（1）山地灌丛区：主要分布在西村乡雷公山等较高山地的中下部，以虎榛子、绣线菊、黄刺玫等灌木牧草为主。

（2）山地草原区：主要分布在花园屯乡的采凉山和西寺山、郭家窑乡的弥陀山、西村乡的甘庄梁、上深涧乡等山地梁峁，主要以旱生禾草、百里香、蒿类为主。

（3）低湿草甸区：主要分布在堡子湾乡、破鲁堡乡、郭家窑乡等处的河滩地，植被为平川草原类型和丘陵草原类型，耐湿、耐盐碱性的植物偏多，主要有碱蓬、寸草苔、荆三陵、碱草、委陵菜等。

（三）河流与水文状况

1. 河流　新荣区的河流属海河流域永定河水系，境内较大河流有4条，其中，淤泥河、饮马河、涓子河为季节性河流，万泉河一年四季有水。4条河在新荣区境内流域总面积为914平方千米，境内长度为98.3千米。

2. 水文

（1）地表水：据大同市水文水资源勘察分局、新荣区水资源管理委员会办公室编写的《大同市新荣区水资源评价及配置规划》资料显示，新荣区年平均地表水总量为7 619万立方米，可利用地表水4 301万立方米，可利用率56.5%。其中，本地地表水总量2 128万立方米，可利用量为1 204万立方米，可利用率56.6%；入境地表水总量5 491万立方米，可利用量为3 097万立方米，可利用率56.4%。

（2）地下水：据大同市水文水资源勘察分局、新荣区水资源管理委员会办公室编写的《大同市新荣区水资源评价及配置规划》资料显示，新荣区盆地平原区地下水年可开采量1 173.8万立方米，一般山区地下水年可开采量1 006.8万立方米，全区地下水年可开采量2 180.6万立方米。

（四）土壤母质

1. 残积物　是山地和丘陵地区的基岩经过风化淋溶残留在原地形成的土壤，是新荣区山区主要成土母质。其特点是土层薄厚相差较大，由于母岩的种类不同，理化性状各异，全区主要有石灰岩质、砂岩质、花岗片麻岩质、白云岩4种岩石风化残积母质。主要分布在西北部五路山和东南部尖口山区。

2. 洪积物　是山区或丘陵区因暴雨汇成山洪造成大片侵蚀地表，搬运到山麓坡脚的沉积物。往往谷口沉积砾石和粗沙物质，沉积层次不清，而较远的洪积扇边缘沉积的物质较细，或粗沙粒较多的黄土性物质，层次较明显，主要分布于各个边山峪口处的洪积扇和洪积平原上。

3. 黄土及黄土状物质　是第四纪晚期上更新统（Q$_3$）的沉积物。黄土母质、黄土状母质和红黄土母质是新荣区的主要成土母质。

（1）黄土母质：为马兰黄土，以风积为主。颜色灰黄，质地均一，无层理，不含沙砾，以粉沙为主，碳酸盐含量较高，有小粒状的石灰性结核，主要分布于全区的低山区和黄土丘陵区。

（2）黄土状母质：为次生黄土，系黄土经流水侵蚀搬运后堆积而成。与黄土母质性质相近，主要分布于丘陵和一级、二级阶地上，涉及花园屯等乡（镇）。

（3）红黄土母质：颜色红黄，质地较细，常有棱块、棱柱状结构，碳酸盐含量较少，中性或微碱性。黄土丘陵区由于地质活动或重度侵蚀，红黄土出露地表，成为丘陵区的成土母质之一，和黄土母质交错分布。

4. 冲积物 是风化碎屑物质、黄土等经河流侵蚀、搬运和沉积而成。由于河水的分选，造成不同质地的沉积层理，一般粗细相间。在水平方向上，越近河床越粗，在垂直剖面上沙黏交替。主要分布于饮马河、涓子河、淤泥河、万泉河的河漫滩和一级阶地上。

六、农村经济概况

2011年年底，新荣区总人口10.92万人。其中，农业人口8.21万人，占总人口的75.09％。2011年，农作物总播种面积36万亩。其中，粮食作物播种面积30.26万亩，粮食总产量39 510吨；油料播种面积3.93万亩，总产量1 610吨。2011年，农民人均纯收入5 008元。

第二节 农业生产概况

一、农业发展历史

新荣区农业在明朝以前一直处于农耕、畜牧交错发展的状态，由于人口迁徙无常，从未形成规模。自明朝以来，渐渐形成以农业为主、畜牧为辅的发展格局；至民国中期新荣区农业发展臻于兴盛，并促进了手工业、商业的发展。

中华人民共和国成立后，在私有制社会主义改造中，经过1950年开始的互助组、1953年组织的农业生产初级社，土地由私有制逐渐向集体所有制过渡；到1956年全区实现农业生产高级社，99％的土地成为集体所有，土地所有制和农业生产形式又一次发生重大变革。1958—1962年，因政策上的极"左"路线和自然灾害，使粮食生产大受挫折。之后随着政策的调整，农田水利基本建设的重视，抗灾能力的增强，农业产量不断上升。同时林、牧、副业亦得到发展，农业效益显著提高。

1979年后，贯彻中共中央《关于加快农业发展若干问题的决定》，因地制宜，扬长避短，发挥新荣区煤炭资源丰富的优势，以工促农，农业生产逐步推行生产责任制，大大地解放了农村生产力，并加快了林、牧、副等业的发展步伐。1982年，粮油产量和农业总产值比1978年翻了一番多，农村人均纯收入翻了两番多。昔日吃粮靠返还，财政靠补贴的新荣区在20世纪80年代初终于摆脱了贫困，向富裕小康之路迈了第一步。事实证明，农、林、牧、副业全面发展是新荣农业唯一正确的发展方向。

二、农业发展现状

新荣区自然资源丰富、地理优势明显，是晋北的煤炭大区，山、川、坡兼备，光热资源丰富，但水资源较缺，土壤母质以黄土类母质为主，质地多为壤土，土层深厚，耕性良好，保水、保肥；雨热同季，光、热、气资源充足，能满足各种作物的生长需求，为农业的发展提供了较大的空间，优越的自然条件和地理环境给新荣区农业生产带来了巨大的发展机会。

（一）近 10 年来农村经济高速增长

近 10 年来，农村经济发展较快。2011 年，新荣区农村经济总收入 317 023 万元，农民人均纯收入为 5 008 元，是历史的高速增长期。高速增长的主要动力是乡镇企业和畜牧业的发展。全区乡镇企业总数达到 2 300 多个，从业人数达到 1.5 万人，占农村经济收入比重的 25%。畜牧业占农村经济收入比重的 15%。2011 年，牛存栏 11 638 头，猪存栏 13 569 头，羊存栏 63 545 只，肉类产量 6 350 吨，奶类产量 5 002 吨，蛋产量 2 014 吨。

（二）种植业发展比较缓慢，波动性大

种植业是新荣区农业的主体。其产值历年都占农业总产值的 60% 以上。种植业又以粮食和油料种植为主，全区粮食播种面积 30.26 万亩，占总播种面积 84%，产值占农业总产值的 42%，占种植业产值的 72%。油料播种面积 3.93 万亩，占总播种面积 10.9%，产值占农业总产值的 18%；其他作物播种面积较少。2011 年，全年粮食总产 39 510 吨，油料总产 1 610 吨；2012 年，全年粮食总产 44 970 吨，油料总产 2 120 吨（表 1 - 2）。

表 1 - 2　主要作物总产量统计

单位：吨

年份	粮食	油料	蔬菜
2011	39 510	1 610	19 780
2012	44 970	2 120	19 900

由于自然气候条件和其他多方面因素的制约与影响，新荣区种植业的发展比较缓慢，特别是粮食生产。若综合考虑丰年和歉年的情况，以阶段年平均产量作比较，1995—2000 年的粮食年平均产量为 2 943.19 万千克，比 1990—1995 年平均产量增长 4.5%；2005—2010 年年平均产量 2 884.25 万千克，比"九五"期间平均年产量还低 2%。粮食生产的波动性也很大，"九五"期间，最高年产量与最低年产量的差值达 2 000 多万千克，平均波动率达 70% 多，"十五"期间，高产年与低产年的差值达 1 800 万千克，波动率达 64%。其他农产品的产量变化也有类似的情况，这充分说明全区农业生产的稳定性很低，抗灾能力很差，农业基础还脆弱。

（三）林业发展较快，但生态防护体系尚未形成

新荣区林业基础很差，1949 年全区林地面积只有 0.58 万亩，其中，乔木林仅 200 亩，灌木林 0.51 万亩。经过几十年的艰苦努力，特别是"三北"防护林工程、京包铁路沿线造林工程、晋北风沙区绿化工程的建设，大大加快了造林步伐，促进了本区林业生产的高速发展。根据林业主管部门的统计，截至 2010 年年底，全区累计造林保存面积 50 万亩，占全区土地总面积 32.8%，四旁零星树木达到 500 万株。本区林地生产率较低，20 世纪 50～60 年代栽植的小叶杨林，平均亩蓄积量不足 1 立方米，形成大面积低产林，需要改造。近年来引进的樟子松生长较好，但面积不大，尚未成林。平川农田林网建设和村镇道路绿化缺乏统一规划，未能形成高标准的农田防护林和四旁绿化体系，尚属薄弱环节。

经济林发展也比较缓慢，到 2010 年仅有果园 0.62 万亩，水果年产量 30 多万千克，人均 3.1 千克，未能形成商品生产的经济规模。

（四）畜牧业逐步转向商品性生产为主，但规模不大

近年来，畜牧业的发展出现了一些明显的变化，首先，自用自给型畜牧业比重明显下降，商品性畜牧业比重有较大幅度上升。到 2010 年，新荣区骡、马、驴等役用畜饲养量分别为 5 682 匹、1 321 匹、1 689 匹，除骡的饲养量同 2005 年持平外，马和驴饲养量比 2005 年分别下降 32.1% 和 33.4%；2010 年牛、羊、猪、鸡、兔等具有商品生产优势的畜禽饲养量分别为牛 6 476 头、羊 76 259 只、猪 28 508 头、鸡 42.6 万只、兔 1.82 万只，均比 2005 年有所增加。

其次，畜禽出栏率提高，饲养周期缩短，肉、蛋、奶、毛等畜产品产量大幅度提高。畜牧业总产值已占到农业总产值的 21.3%，比 2005 年提高 2.4 个百分点。但从新荣区整体情况来看，畜牧业还不发达，尚未摆脱靠天养畜、传统养畜方式，集约经营水平很低，总体规模不大。2010 年，新荣区人均畜牧业收入 152.7 元，相当于人均农业总收入的 24.7%。

近年来，新荣区委区、区政府在保证粮油种植的基础上，科学规划，搞好农业产业结构调整，加速农业支柱产业的发展，全区先后建立了大棚蔬菜生产基地、马铃薯生产基地、小杂粮生产基地、旱作农业示范区等，大大提高了种植业的单位面积收入。

由于受地域的限制，新荣区农机化处于下等发展水平，平川区机械化作业程度较高，耕地、播种、收获基本实现半机械化，在一定程度上减轻了劳动强度，提高了劳动效率。全区农机总动力为 18.1 万千瓦，大中小型拖拉机 4 324 台。全区机耕面积 22.35 万亩，机播面积 9.86 万亩，机收面积 0.87 万亩，农用化肥实物量 866 吨，农膜用量 223 吨，农药用量 41 吨。

2010 年，新荣区共有蓄水工程 15 座。其中，中型水库 1 座，总库容 8 563 万立方米；小型水库 11 座，总库容 189.11 万立方米；塘坝 3 座，总库容 16.9 万立方米。全区有引水工程 35 处，提水工程 27 处，水井 468 眼，其中机电配套 449 眼。

第三节　耕地利用与保养管理

一、主要耕作方式及影响

由于新荣区地形差异，山、川、坡地区有效积温和无霜期差异较大，因此，在农作物结构和耕作制度上差别较大。郭家窑乡、破鲁堡乡以种植马铃薯、玉米、豆类、黍子为主，谷子、高粱、荞麦次之；堡子湾乡、花园屯乡以种植玉米、黍子、豆类、马铃薯为主，高粱、胡麻次之；西村乡、上深涧乡以马铃薯、胡麻、黍子为主，豆类、莜麦次之；新荣镇以种植玉米、黍子、马铃薯为主，豆类、胡麻次之；新荣区基本上是一年一熟制。全区的农田耕作方式主要有秋深耕和春耕。秋深耕在作物收获后土地封冻前进行，深度一般为 20～25 厘米；好处是便于接纳雨雪、晒垡，以利于打破犁底层，加厚活土层，同时还利于翻压杂草，破坏病虫越冬场所，降低病虫越冬基数。春耕一般在春播前结合灌溉、施肥、播种进行，深度在 15 厘米左右；好处是便于旱作区抢墒播种，缺点是土地不能深耕，降低了活土层。中耕一般在夏季进行，一年进行 2～3 次；平川区以人工中耕和半机

械化的耘锄为主，山区、坡区基本上使用人工中耕。

二、耕地利用现状，生产管理及效益

新荣区种植的作物主要有玉米、马铃薯、谷子、黍子、莜麦、荞麦、豆类、胡麻等，是山西省的小杂粮产区。耕作制度为一年一熟，露地蔬菜一年一作或一年两作，大棚和温室蔬菜可一年多作。

灌溉水源类型有河水、库水、井水和自流灌溉，灌溉方式以大水漫灌为主。菜田多为畦灌，大田作物一般年份浇水 1～3 次，平均灌水量 60～80 立方米/（亩·次），平均费用 20～30 元/（亩·次）。生产管理上以机械作业为主，如耕、耙、种、覆膜等。机械费用以玉米为例，一般为 80～90 元/（亩·年）。农户在生产管理上投入较高，平川区高产田亩投入一般在 180～240 元，山区和坡区亩投入相对较低，一般在 130 元左右。

根据 2011 年农业部门资料，新荣区农作物总播种面积 36 万亩，粮食作物播种面积为 30.26 万亩，粮食总产量为 3 951 万千克，平均亩产 131 千克。其中，玉米播种面积为 5.85 万亩，玉米总产量 1 293 万千克；各种豆类播种面积 5.92 万亩，总产量 334 万千克；马铃薯播种面积 5.86 万亩，总产量 4 540 万千克；油料作物播种面积 3.93 万亩，总产量 161 万千克；蔬菜 0.77 万亩，总产量 1 978 万千克；瓜类 0.42 万亩，总产量 692 万千克。

1. 玉米 随着种植业结构的调整，新荣区种植玉米面积逐年加大，2011 年达到 5.82 万亩，几乎遍布全区的各个乡、村，平川盆地、洪积扇中下部、丘陵山地的沟坝地、沟淤地等均有种植。平均亩产 221 千克（水地亩产 400～450 千克），亩收入 442 元，亩成本 87 元，亩纯收入 355 元。

2. 谷黍 谷黍是新荣区最传统的作物，2011 年全区播种面积 8.24 万亩，占到总播种面积的 22.89%。平均亩产 121 千克，亩收入 302 元，亩成本 65 元，亩纯收入 237 元。

3. 豆类 豆类是新荣区分布较广的作物，2011 年全区各种豆类播种面积 5.92 万亩，山地、丘陵、平川都有种植，以山丘区种植最广。主要分布在西村乡、上深涧乡、堡子湾乡、新荣镇等乡（镇），豆类平均亩产 56 千克，亩收入 280 元，亩成本 58 元，亩纯收入 222 元。

4. 马铃薯 2011 年，新荣区种植面积 5.86 万亩，全区 7 个乡（镇）140 个村均有种植。平均亩产 775 千克，亩收入 930 元，亩成本 142 元，亩纯收入 788 元。

三、施肥现状与耕地养分演变

新荣区大田施肥情况是农家肥施用呈上升趋势。过去农村耕地、运输主要以畜力为主，农家肥主要是大牲畜粪便。随着农业承包经营的推行，特别是进入 21 世纪以来，山西省启动了雁门关生态畜牧经济区建设工程、京津风沙源治理工程，大力扶持棚圈建设，新荣区的畜牧业生产得到了空前的发展，全区牛、羊、猪、鸡的饲养量大幅度增加。农家肥数量也随之大幅度增加。但粪便施用很不平衡，养殖园区附近及经济效益较高的蔬菜、瓜果类等作物农家肥施入水平较高，而且存在着较严重的浪费现象，偏远山区、坡区很少施用或者基本不施用农家肥，因而造成了土壤养分含量在不同地区的差异性。

新荣区化肥的使用情况，从逐年增加到趋于合理。据统计中华人民共和国成立初期，新荣区基本不施用化肥，从 20 个世纪 70 年代开始，化肥使用量逐年快速增长，到 90 年代末达到最高值，年化肥施用量 13 800 吨（实物量）。进入 21 世纪以来，全区开始推广平衡施肥及使用复合肥，全区化肥年施用量有所下降，特别是 2009 年开始实施测土配方施肥补贴项目以后，全区化肥施用情况渐趋合理。2010 年，全区化肥施用量 6 702 吨（实物量），其中氮肥 4 202 吨，磷肥 1 049 吨，复合肥及专用肥 1 165 吨，其他肥料 286 吨。

随着农业生产的发展，平衡施肥及测土配方施肥技术的推广，土壤肥力有所变化。2010 年新荣区耕地耕层土壤养分测定结果与 1979 年第二次全国土壤普查结果相比，土壤有机质增加了 4.1 克/千克，全氮减少了 0.04 克/千克，有效磷减少了 0.7 毫克/千克，速效钾减少了 1 毫克/千克，随着测土配方施肥技术的全面的推广应用，土壤肥力更会发生不断变化。

四、耕地利用与保养管理简要回顾

耕地是人类赖以生存的重要资源，保护耕地是事关国家大局和子孙后代的大事，要始终贯彻"十分珍惜和合理利用每寸土地，切实保护耕地"的基本国策。新荣区区委、区政府十分重视耕地的利用和保护，20 世纪 70 年代在农业学大寨中，开山造地、拦河打坝造地、兴修高灌、防渗渠等水利工程，大范围沤制秸秆肥、绿肥压青等为全区农业的发展和土壤肥力的提高起到了较大的推动作用。20 世纪 80 年代后期，新荣区大搞以平田整地、修筑梯田为中心的农田基本建设。21 世纪初国家进行退耕还林（草）工程、京津风沙源治理工程及雁门关生态畜牧经济区的建设，国家和地方政府拿出巨额资金支持农民退耕还林（草），一大部分低产耕地、障碍型土壤进行植树造林、种植牧草等生态措施，使农民集中更多的有机肥、化肥和精力，来进行基本农田的培肥，增加了基本农田的集约化程度。1979 年，根据全国第二次土壤普查结果，新荣区划分了土壤利用改良区，根据不同土壤类型、不同土壤肥力和不同生产水平，提出了合理利用培肥措施，达到了培肥土壤的目的。

随着近年来农业产业结构调整，政府实施沃土工程计划、旱作节水农业、推广平衡施肥、过腹还田、盐渍土改造工程等。特别是 2009 年，测土配方施肥项目的实施，使新荣区施肥更合理，加上京津风沙源治理工程、退耕还林（草）工程等生态工程措施的实施，耕地土壤肥力逐步提高，农业大环境得到了有效改变。近年来，随着科学发展观的贯彻落实，对环境保护高度重视，环境保护力度不断加大。治理污染源，实施了无公害农产品行动计划，禁止高毒、高残留农药使用，从源头抓起，努力改善产地环境，农田环境日益好转。同时，政府加大对农业投入，通过一系列有效措施，全区农业生产正逐步向优质、高产、高效、安全迈进。

第二章　耕地地力调查与质量评价的内容和方法

根据《耕地地力调查与质量评价技术规程》和《全国测土配方施肥技术规范》（以下简称《规程》和《规范》）的要求，通过肥料效应田间试验、样品采集与制备、田间基本情况调查、土壤与植株测试、肥料配方设计、配方肥料合理使用、效果反馈与评价、数据汇总、报告撰写等内容、方法与操作规程和耕地地力评价方法的工作过程，进行耕地地力调查和质量评价。本次调查和评价是基于4个方面进行的。一是通过耕地地力调查与评价，合理调整农业结构、满足市场对农产品多样化、优质化的要求以及经济发展的需要；二是全面了解耕地质量现状，为无公害农产品、绿色食品、有机食品生产提供科学依据，为人民提供健康安全食品；三是针对耕地土壤的障碍因子，提出中低产田改造、防止土壤退化及修复已污染土壤的意见和措施，提高耕地综合生产能力；四是通过调查，建立全区耕地资源信息管理系统和测土配方施肥专家咨询系统，对耕地质量和测土配方施肥实行计算机网络管理，形成较为完善的测土配方施肥数据库，为农业增产增效、农民增收提供科学决策依据，保证农业可持续发展。

第一节　工作准备

一、组织准备

由山西省农业厅牵头成立测土配方施肥和耕地地力调查领导组、专家组、技术指导组，新荣区成立相应的领导组、办公室、野外调查队和室内资料数据汇总组。

二、物质准备

根据《规程》和《规范》要求，进行了充分的物质准备。先后配备了 GPS 定位仪、不锈钢土钻、计算机、钢卷尺、100 立方厘米环刀、土袋、可封口塑料袋、水样瓶、水样固定剂、化验药品、化验室仪器以及调查表格等。并在原来土壤化验室的基础上，进行必要补充和维修，为全面调查和室内化验分析做好了充分的物质准备。

三、技术准备

由山西省土壤肥料工作站领导，协同山西农业大学资源环境学院相关专家，大同市土壤肥料工作站以及大同市新荣区土壤肥料工作站相关技术人员，组成技术指导组，根据

《规程》和《山西省2005年区域性耕地地力调查与质量评价实施方案》及《规范》，制定了《新荣区测土配方施肥技术规范及耕地地力调查与质量评价技术规程》，并编写了技术培训教材。在采样调查前对采样调查人员进行认真、系统的技术培训。

四、资料准备

按照《规程》和《规范》要求，工作人员收集了新荣区行政区划图、地形图、第二次土壤普查成果图、基本农田保护区划图、土地利用现状图、农田水利分区图等图件。收集了第二次土壤普查成果资料，基本农田保护区地块基本情况、基本农田保护区划统计资料，农田水利灌溉区域、面积及地块灌溉保证率，退耕还林规划，肥料、农药使用品种及数量、肥力动态监测等资料。

第二节 室内预研究

一、确定采样点位

1. 布点与采样原则 为了使土壤调查所获取的信息具有一定的典型性和代表性，提高工作效率，节省人力和资金。采样点参考区级土壤图，做好采样规划设计，确定采样点位。实际采样时严禁随意变更采样点，若有变更须注明理由。在布点和采样时主要遵循了以下原则：一是布点具有广泛的代表性，同时兼顾均匀性。根据土壤类型、土地利用等因素，将采样区域划分为若干个采样单元，每个采样单元的土壤性状要尽可能均匀一致；二是尽可能在全国第二次土壤普查时的剖面或农化样取样点上布点；三是采集的样品具有典型性，能代表其对应的评价单元最明显、最稳定、最典型的特征，尽量避免各种非调查因素的影响；四是所调查农户随机抽取，按照事先所确定采样地点寻找符合基本采样条件的农户进行，采样在符合要求的同一农户的同一地块内进行。

2. 布点方法 按照《规范》要求，平川水地150亩采集一个土样，旱垣地200亩采集一个土样，丘陵山区100亩采集一个土样，特殊地形单独定点；以村为行政单元，根据土壤类型、种植制度、作物种类、产量水平等因素的不同，确定布点点位（村与村接壤部位统一规划），实地采样时为选择有代表性的农户可进行适当调整。依据上述情况，新荣区实际布设大田样点4 600个。一是依据山西省第二次土壤普查土种归属表，把那些图斑面积过小的土种，适当合并至母质类型相同、质地相近、土体构型相似的土种，修改编绘出新的土种图；二是将归并后的土种图、基本农田保护区划图和土地利用现状图叠加，形成评价单元；三是根据评价单元的个数及相应面积，在样点总数的控制范围内，初步确定不同评价单元的采样点数；四是在评价单元中，根据图斑大小、种植制度、作物种类、产量水平等因素的不同，确定布点数量和点位，并在图上予以标注。点位尽可能选在第二次土壤普查时的典型剖面取样点或农化样品取样点上；五是不同评价单元的取样数量和点位确定后，按照土种、作物品种、产量水平等因素，分别统计其相应的取样数量。当某一因素点位数过少或过多时，再根据实际情况进行适当调整。

二、确定采样方法

1. 采样时间 春季在作物施肥播种前进行，秋季在作物收获后土地封冻前进行。按叠加图上确定的调查点位去野外采集样品。通过向农民实地了解当地的农业生产情况，确定最具代表性的同一农户的同一块田采样，田块面积均在 1 亩以上，并用 GPS 定位仪确定地理坐标和海拔高程，记录经纬度，精确到 0.1″。依此准确方位修正点位图上的点位位置。

2. 调查、取样 向已确定采样田块的户主，按农户地块调查表格的内容逐项进行调查并认真填写。调查严格遵循实事求是的原则，对那些说不清楚的农户，通过访问地力水平相当、位置基本一致的其他农户或对实物进行核对推算。采样主要采用 S 法，均匀随机采取 15～20 个采样点，充分混合后，四分法留取 1 千克组成一个土壤样品，并装入已准备好的土袋中。

3. 采样工具 主要采用不锈钢土钻，采样过程中努力保持土钻垂直，样点密度均匀，基本符合厚薄、宽窄、数量的均匀特征。

4. 采样深度 为 0～20 厘米耕作层土样。

5. 采样记录 填写 2 张标签，土袋内外各具 1 张，注明采样编号、采样地点、采样人、采样日期等。采样同时，填写大田采样点基本情况调查表和大田采样点农户调查表。

三、确定调查内容

根据《规范》要求，按照"测土配方施肥采样地块基本情况调查表"认真填写。本次调查的范围是基本农田保护区耕地和园地，包括蔬菜、果园和其他经济作物田。调查内容主要有 4 个方面：一是与耕地地力评价相关的耕地自然环境条件，农田基础设施建设水平和土壤理化性状，耕地土壤障碍因素和土壤退化原因等；二是与农产品品质相关的耕地土壤环境状况，如土壤的富营养化、养分不平衡与缺乏微量元素和土壤污染等；三是与农业结构调整密切相关的耕地土壤适宜性问题等；四是农户生产管理情况调查。

以上资料的获得，一是利用第二次土壤普查和土地利用详查等现有资料，通过收集整理而来；二是采用以点带面的调查方法，经过实地调查访问农户获得的；三是对所采集样品进行相关分析化验后取得的；四是将所有有限的资料、农户生产管理情况调查资料、分析数据录入到计算机中，并经过矢量化处理形成数字化图件、插值，使每个地块均具有各种资料信息，来获取相关资料信息。这些资料和信息，对分析耕地地力评价与耕地质量评价结果及影响因素具有重要意义。如通过分析农户投入和生产管理对耕地地力土壤环境的影响，分析农民现阶段投入成本与耕地质量直接的关系，有利于提高成果的现实性，引起各级领导的关注。通过对每个地块资源的充实完善，可以从微观角度，对土、肥、气、热、水资源运行情况有更周密的了解，提出管理措施和对策，指导农民进行资源合理利用和分配。通过对全部信息资料的了解和掌握，可以宏观调控资源配置，合理调整农业产业结构，科学指导农业生产。

四、确定分析项目和方法

根据《规程》《规范》及《山西省耕地地力调查及质量评价实施方案》要求，土壤质量调查样品检测项目有 pH、有机质、全氮、碱解氮、全磷、有效磷、全钾、速效钾、缓效钾、有效硫、阳离子交换量、有效铜、有效锌、有效铁、有效锰、水溶性硼、有效钼 17 个项目，其分析方法均按全国统一规定的测定方法进行。

五、确定技术路线

新荣区耕地地力调查与质量评价所采用的技术路线见图 2-1。

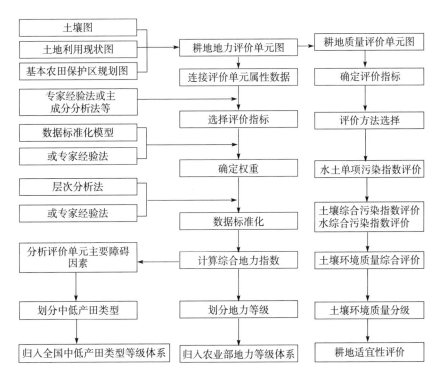

图 2-1　耕地地力调查与质量评价技术路线流程

1. 确定评价单元　利用基本农田保护区区划图、土壤图和土地利用现状图叠加的图斑为基本评价单元。相似相近的评价单元至少采集一个土壤样品进行分析，在评价单元图上连接评价单元属性数据库，用计算机绘制各评价因子图。

2. 确定评价因子　根据全国、省级耕地地力评价指标体系并通过农业专家论证来选择新荣区区域耕地地力评价因子。

3. 确定评价因子权重　用模糊数学特尔菲法和层次分析法将评价因子标准数据化，并计算出每一评价因子的权重。

4. 数据标准化　选用隶属函数法和专家经验法等数据标准化方法，对评价指标进行数据标准化处理，对定性指标要进行数值化描述。

5. 综合地力指数计算　用各因子的地力指数累加得到每个评价单元的综合地力指数。

6. 划分地力等级　根据综合地力指数分布的累积频率曲线法或等距法，确定分级方案，并划分地力等级。

7. 归入全国耕地地力等级体系　依据《全国耕地类型区、耕地地力等级划分》（NY/T 309—1996），归纳整理各级耕地地力要素主要指标，结合专家经验，将各级耕地地力归入全国耕地地力等级体系。

8. 划分中低产田类型　依据《全国中低产田类型划分与改良技术规范》（NY/T 310—1996），分析评价单元耕地土壤主要障碍因素，划分并确定中低产田类型。

第三节　野外调查及质量控制

一、调查方法

野外调查的重点是对取样点的立地条件、土壤属性、农田基础设施条件、农户栽培管理成本、收益等情况全面了解、掌握。

1. 室内确定采样位置　技术指导组根据要求，在1∶10 000评价单元图上确定各类型采样点的采样位置，并在图上标注。

2. 培训野外调查人员　抽调技术素质高、责任心强的农业技术人员，尽可能抽调第二次土壤普查人员，经过为期一周的专业培训和野外实习，按照山、川、坡不同区域及行政区划，组成4支野外调查队，共16人参加野外调查。

3. 根据《规程》和《规范》要求，严格取样　各野外调查支队根据图标位置，在了解农户农业生产情况基础上，确定具有代表性田块和农户，用GPS定位仪进行定位，依据田块准确方位修正点位图上的点位位置。

4. 按照《规程》、省级实施方案要求规定和《规范》规定，填写调查表格，并将采集的样品统一编号，带回室内进行样品处理。

二、调查内容

1. 基本情况调查项目

（1）采样地点和地块：地址名称采用民政部门认可的正式名称；地块采用当地的通俗名称。

（2）经纬度及海拔高度：由GPS定位仪进行测定。

（3）地形地貌：根据形态特征划分为五大地貌类型，即山地、丘陵、平原、高原和盆地。

（4）地形部位：指中小地貌单元。主要包括河漫滩、一级阶地、二级阶地、高阶地、坡地、梁地、垣地、峁地、山地、沟谷、洪积扇（上、中、下）、倾斜平原、河槽地和冲积平原。

（5）坡度：一般分为＜2.0°、2.1°～5.0°、5.1°～8.0°、8.1°～15.0°、15.1°～25.0°、≥25.0°。

（6）侵蚀情况：按侵蚀种类和侵蚀程度记载，根据土壤侵蚀类型可划分为水蚀、风蚀、重力侵蚀、冻融侵蚀、混合侵蚀等，侵蚀程度通常分为无明显、轻度、中度、强度和极强度5级。

（7）潜水深度：指地下水深度，分为深位（3～5米）、中位（2～3米）、浅位（≤2米）。

（8）家庭人口及耕地面积：指每个农户实有的人口数量和种植耕地面积（亩）。

2. 土壤性状调查项目

（1）土壤名称：统一按第二次土壤普查时的连续命名法填写，详细到土种。

（2）土壤质地：国际制；全部样品均需采用手摸测定；质地分为：沙土、沙壤、壤土、黏壤、黏土5级。室内选取10%的样品采用比重计法（粒度分布仪法）测定。

（3）质地构型：指不同土层之间质地构造变化情况。一般可分为通体壤、通体黏、通体沙、黏夹沙、底沙、壤夹黏、多砾、少砾、夹砾、底砾、少姜、多姜等。

（4）耕层厚度：用铁锹垂直铲下去，用钢卷尺按实际进行测量确定。

（5）障碍层次及深度：主要指沙土、黏土、砾石、料姜等所发生的层位、层次及深度。

（6）盐碱情况：按盐碱类型划分为苏打盐化、硫酸盐盐化、氯化物盐化、混合盐化等。按盐化程度分为重度、中度、轻度等，碱化也分为轻度、中度、重度等。

（7）土壤母质：按成因类型分为残积物、冲积物、洪积物、坡积物、黄土状母质、黄土母质。

3. 农田设施调查项目

（1）地面平整度：按大范围地形坡度分为平整（＜2°）、基本平整（2°～5°）、不平整（＞5°）。

（2）梯田化水平：分为地面平坦、园田化水平高，地面基本平坦、园田化水平较高，高水平梯田，缓坡梯田，新修梯田和坡耕地6种类型。

（3）田间输水方式：管道、防渗渠道、土渠等。

（4）灌溉方式：分为漫灌、畦灌、沟灌、滴灌、喷灌、管灌等。

（5）灌溉保证率：分为充分满足、基本满足、一般满足和无灌溉条件4种情况，或按灌溉保证率（%）计。

（6）排涝能力：分为强、中、弱3级。

4. 生产性能与管理情况调查项目

（1）种植（轮作）制度：分为一年一熟、一年两熟、两年三熟等。

（2）作物（蔬菜）种类与产量：指调查地块上年度主要种植作物及其平均产量。

（3）耕翻方式及深度：指翻耕、旋耕、耙地、耱地、中耕等。

（4）秸秆还田情况：分翻压还田、覆盖还田等。

（5）设施类型棚龄或种菜年限：分为薄膜覆盖、塑料拱棚、温室等，棚龄以正式投入算起。

（6）上年度灌溉情况：包括灌溉方式、灌溉次数、年灌水量、水源类型、灌溉费用等。

（7）年度施肥情况：包括有机肥、氮肥、磷肥、钾肥、复合（混）肥、微肥、叶面肥、微生物肥及其他肥料施用情况，有机肥要注明类型，化肥指纯养分。

（8）上年度生产成本：包括化肥、有机肥、农药、农膜、种子（种苗）、机械人工及其他。

（9）上年度农药使用情况：农药作用次数、品种、数量。

（10）产品销售及收入情况。

（11）作物品种及种子来源。

（12）蔬菜效益：指当年纯收益。

三、采样数量

在大同市新荣区 49.03 万亩耕地上，共采集大田土壤样品 4 600 个。

四、采样控制

野外调查采样是本次调查评价的关键。既要考虑采样代表性、均匀性，也要考虑采样的典型性。根据新荣区的区划划分特征，分别在采凉山山前洪积扇、二级阶地、一级阶地、河漫滩、黄土丘陵区、南部坡耕地、沟坝地及不同作物类型、不同地力水平的农田，严格按照《规程》和《规范》要求均匀布点，并按图标布点实地核查后进行定点采样。整个采样过程严肃认真，达到了《规程》的要求，保证了调查采样质量。

第四节　样品分析及质量控制

所有样品的分析项目全部委托山西省大同市土壤肥料工作站进行分析化验，该站化验室具有省级资质，仪器设备齐全，化验人员素质高，常年承担农业土壤及国家项目的土样及植株分析化验，能够按照《规程》和《规范》的要求及省级实施方案要求进行高质量、高标准的分析化验。本次调查共计化验土样 4 600 个，化验 62 880 项次。

一、分析项目及方法

1. 物理性状　土壤容重：采用环刀法测定。

2. 化学性状

（1）pH：土液比 1：2.5，采用电位法测定。

（2）有机质：采用油浴加热重铬酸钾氧化容量法测定。

（3）全磷：采用氢氧化钠熔融-钼锑抗比色法测定。

（4）有效磷：采用碳酸氢钠或氟化铵-盐酸浸提-钼锑抗比色法测定。

（5）全钾：采用氢氧化钠熔融-火焰光度计或原子吸收分光光度计法测定。

（6）速效钾：采用乙酸铵浸提-火焰光度计或原子吸收分光光度计法测定。

（7）全氮：采用凯氏蒸馏法测定。

（8）碱解氮：采用碱解扩散法测定。

（9）缓效钾：采用硝酸提取-火焰光度法测定。

（10）有效铜、锌、铁、锰：采用 DTPA 提取-原子吸收光谱法测定。

（11）有效钼：采用草酸-草酸铵浸提-极谱法草酸-极谱法测定。

（12）水溶性硼：采用沸水浸提-甲亚胺- H 比色法或姜黄素比色法测定。

（13）有效硫：采用磷酸盐-乙酸或氯化钙浸提-硫酸钡比浊法测定。

（14）有效硅：采用柠檬酸浸提-硅钼蓝色比色法测定。

（15）交换性钙和镁：采用乙酸铵提取-原子吸收光谱法测定。

（16）阳离子交换量：采用 EDTA -乙酸铵盐交换法测定。

二、分析测试质量控制

分析测试质量主要包括野外调查取样后样品风干、处理与实验室分析化验质量，其质量的控制是调查评价的关键。

（一）样品风干及处理

常规样品如大田样品、果园土壤样品，及时放置在干燥、通风、卫生、无污染的室内风干，风干后送化验室处理。

将风干后的样品平铺在制样板上，用木棍或塑料棍碾压，并将植物残体、石块等侵入体和新生体剔除干净。细小已断的植物须根，可采用静电吸附的方法清除。压碎的土样用 2 毫米孔径筛过筛，未通过的土粒重新碾压，直至全部样品通过 2 毫米孔径筛为止。通过 2 毫米孔径筛的土样可供 pH、盐分、交换性能及有效养分等项目的测定。

将通过 2 毫米孔径筛的土样用四分法取出一部分继续碾磨，使之全部通过 0.25 毫米孔径筛，供有机质、全氮、碳酸钙等项目的测定。

用于微量元素分析的土样，其处理方法同一般化学分析样品，但在采样、风干、研磨、过筛、运输、储存等诸环节都要特别注意，不要接触容易造成样品污染的铁、铜等金属器具。采样、制样推荐使用不锈钢、木、竹或塑料工具，过筛使用尼龙网筛等。通过 2 毫米孔径尼龙筛的样品可用于测定土壤有效态微量元素。

将风干土样反复碾碎，用 2 毫米孔径筛过筛。留在筛上的碎石称量后保存，同时将过筛的土壤称重，计算石砾质量百分数。将通过 2 毫米孔径筛的土样混匀后盛于广口瓶内，用于颗粒分析及其他物理性质测定。若风干土样中有铁锰结核、石灰结核、铁子或半风化体，不能用木棍碾碎，应首先将其细心拣出称量保存，然后再碾碎。

（二）实验室质量控制

1. 在测试前采取的主要措施

（1）按《规程》要求制订了周密的采样方案，尽量减少采样误差（把采样作为分析检验的一部分）。

（2）正式开始分析前，对检验人员进行了为期 2 周的培训：对监测项目、监测方法、操作要点、注意事项逐一进行培训，并进行了质量考核。为检验人员掌握项目分析技术、提高业务水平、减少误差等奠定了基础。

（3）收样登记制度：制定收样登记制度，将收样时间、制样时间、处理方法与时间、分析时间逐一登记，并在收样时确定样品统一编码、野外编码及标签等，从而确保了样品的真实性和整个过程的完整性。

（4）测试方法确认（尤其是同一项目有几种检测方法时）：根据实验室现有条件、要求规定及分析人员掌握情况等确立最终采取的分析方法。

（5）测试环境确认。为减少系统误差，对实验室温湿度、试剂、用水、器皿等逐一检验，保证其符合测试条件。对有些相互干扰的项目分开实验室进行分析。

（6）检测用仪器设备及时进行计量检定，定期进行运行状况检查。

2. 在检测中采取的主要措施

（1）仪器使用实行登记制度，并及时对仪器设备进行检查维修和调整。

（2）严格执行项目分析标准或规程，确保测试结果准确性。

（3）坚持平行试验、必要的重显性试验，控制精密度，减少随机误差。

每个项目开始分析时每批样品均须做 100％平行样品，结果稳定后，平行次数减少 50％，最少保证做 10％～15％平行样品。每个化验人员都自行编入明码样做平行测定，质控员还编入 10％密码样进行质量控制。

平行双样测定结果的误差在允许的范围之内为合格；平行双样测定全部不合格者，该批样品须重新测定；平行双样测定合格率＜95％时，除对不合格的重新测定外，再增加 10％～20％的平行测定率，直到总合格率达 95％。

（4）坚持带质控样进行测定：

①与标准样对照。分析中，每批次带标准样品 10％～20％，在测定的精密度合格的前提下，标准样测定值在标准保证值（95％的置信水平）范围的为合格。否则本批结果无效，需进行重新分析测定。

②加标回收法。对灌溉水样由于无标准物质或质控样品，采用加标回收试验来测定准确度。

加标率，在每批样品中，随机抽取 10％～20％试样进行加标回收测定。

加标量，被测组分的总量不得超出方法的测定上限。加标浓度宜高，体积应小，不应超过原定试样体积的 1％。

加标回收率在 90％～110％范围内的为合格。

$$回收率（\％）= \frac{测得总量 - 样品含量}{标准加入量} \times 100$$

根据回收率大小，也可判断是否存在系统误差。

（5）注重空白试验：全程空白值是指用某一方法测定某物质时，除样品中不含该物质外，整个分析过程中引起的信号值或相应浓度值。它包含了试剂、蒸馏水中杂质带来的干扰，从待测试样的测定值中扣除，可消除上述因素带来的系统误差。如果空白值过高，则要找出原因，采取其他措施（如提纯试剂、更新试剂、更换容器等）加以消除。保证每批次样品做 2 个以上空白样，并在整个项目开始前按要求做全程序空白测定，每次做 2 个平行空白样，连测 5 天共得 10 个测定结果，计算批内标准偏差 S_{wb}

$$S_{wb} = \left[\sum (X_i - X_平)^2 / m(n-1) \right]^{1/2}$$

式中：n——每天测定平均样个数；

　　　m——测定天数。

（6）做好校准曲线：比色分析中标准系列保证设置 6 个以上浓度点。根据浓度和吸光值按一元线性回归方程计算其相关系数。

$$Y = a + bX$$

式中：Y——吸光度；

　　　X——待测液浓度；

　　　a——截距；

　　　b——斜率。

要求标准曲线相关系数 $r \geq 0.999$。

校准曲线控制：①每批样品皆需做校准曲线；②标准曲线力求 $r \geq 0.999$，且有良好重现性；③大批量分析时每测 10～20 个样品要用一标准液校验，检查仪器状况；④待测液浓度超标时不能任意外推。

（7）用标准物质校核实验室的标准滴定溶液：标准物质的作用是校准。对测量过程中使用的基准纯、优级纯的试剂进行校验。校准合格才准用，确保量值准确。

（8）详细、如实记录测试过程：使检测条件可再现，检测数据可追溯。对测量过程中出现的异常情况也及时记录，及时查找原因。

（9）认真填写测试原始记录：测试记录做到如实、准确、完整、清晰。记录的填写、更改均制定了相应制度和程序。当测试由一人读数一人记录时，记录人员复读多次所记的数字，减少误差发生。

3. 检测后主要采取的技术措施

（1）加强原始记录校核、审核：实行"三审三校"制度，对发现的问题及时研究、解决，或召开质量分析会，达成共识。

（2）运用质量控制图预防质量事故发生：对运用均值-极差控制图的判断，参照《质量专业理论与实名》中的判断准则。对控制样品进行多次重复测定，由所得结果计算出控制样的平均值 X 及标准差 S（或极差 R），就可绘制均值-标准差控制图（或均值-极差控制图），纵坐标为测定值，横坐标为获得数据的顺序。将均值 X 作成与横坐标平行的中心级 CL，$X \pm 3S$ 为上下警戒限 UCL 及 LCL，$X \pm 2S$ 为上下警戒限 UWL 及 LWL，在进行试样例行分析时，每批带入控制样，根据差异判异准则进行判断。如果在控制限之外，该批结果为全部错误结果，则必须查出原因，采取措施，加以消除，除"回控"后再重复测定，并控制不再出现。如果控制样的结果落在控制限和警戒限之间，说明精密度已不理想，应引起注意。

（3）控制检出限：检出限是指对某一特定的分析方法在给定的置信水平内，可以从样品中检测的待测物质的最小浓度或最小量。根据空白测定的批内标准偏差（S_{wb}）按下列公式计算检出限（95％的置信水平）。

①若试样一次测定值与零浓度试样一次测定值有显著性差异时，检出限（L）按下列公式计算：

$$L = 2 \times 2^{1/2} t_f S_{wb}$$

式中：L——方法检出限；

$\quad t_f$——显著水平为 0.05（单侧）、自由度为 f 的 t 值；

$\quad S_{wb}$——批内空白值标准偏差；

$\quad f$——批内自由度，$f = m(n-1)$，m 为重复测定次数，n 为平行测定次数。

②原子吸收分析方法中检出限计算：$L = 3\,S_{wb}$。

③分光光度法以扣除空白值后的吸光值为 0.010 相对应的浓度值为检出限。

（4）及时对异常情况处理：

①异常值的取舍。对检测数据中的异常值，按 GB 4883 标准规定采用 Grubbs 法或 Dixon 法加以判断处理。

②因外界干扰（如停电、停水），检测人员应终止检测，待排除干扰后重新检测，并记录干扰情况。当仪器出现故障时，故障排除后校准合格的，方可重新检测。

（5）使用计算机采集、处理、运算、记录、报告、存储检测数据时，应制定相应的控制程序。

（6）检验报告的编制、审核、签发：检验报告是试验工作的最终结果，是试验室的产品，因此对检验报告质量要高度重视。检验报告应做到完整、准确、清晰、结论正确。必须坚持三级审核制度，明确制表、审核、签发的职责。

除此之外，为保证分析化验质量，提高试验室之间分析结果的可比性，山西省土壤肥料工作站抽查 5％～10％样品在省测试中心进行复核，并编制密码样，对试验室进行质量监督和控制。

4. 技术交流 在分析过程中，发现问题及时交流，改进方法，不断提高技术水平。

5. 数据录入 分析数据按《规程》和方案要求审核后编码整理，和采样点逐一对照，确认无误后进行录入。采取双人录入相互对照的方法，保证录入正确率。

第五节 评价依据、方法及评价标准体系的建立

一、评价原则依据

由山西省土壤肥料工作站领导，协同山西农业大学资源环境学院相关专家、大同市土壤肥料工作站以及大同市新荣区土壤肥料工作站相关技术人员评议，新荣区确定了 4 大因素 10 个因子为耕地地力评价指标。

1. 立地条件 指耕地土壤的自然环境条件，它包含耕地与质量直接相关的地貌类型及地形部位、成土母质、地面坡度等。

①地形部位及其特征描述：新荣区属黄土丘陵区，山脉呈东北-西南走向，主要山脉

有采凉山、马头山、雷公山、弥驼山等。季节性河流主要有北部的涓子河、中部横贯东西的淤泥河、东部纵贯南北的饮马河、万泉河，境内的破鲁堡、堡子湾和郭东盆地。

②成土母质及其主要分布：在新荣区耕地上分布的母质类型有洪积物、黄土母质（丘陵及山前倾斜平原区）。

③地面坡度：地面坡度反映水土流失程度，直接影响耕地地力。新荣区将地面坡度小于25°的耕地依坡度大小分成 6 级（＜2.0°、2.1°～5.0°、5.1°～8.0°、8.1°～15.0°、15.1°～25.0°、≥25.0°）进入地力评价系统。

2. 土体构型 指土壤剖面中不同土层间质地构造变化情况，直接反映土壤发育及障碍层次。其影响根系发育、水肥保持及有效供给，包括有效土层厚度、耕作层厚度和质地构型 3 个因素。

耕层厚度：按其厚度（厘米）深浅从高到低依次分为 6 级（＞30、26～30、21～25、16～20、11～15 和≤10）进入地力评价系统。

3. 较稳定的理化性状（耕层质地、有机质、盐渍化和 pH）

（1）耕层质地：影响水肥保持及耕作性能。按卡庆斯基制的 6 级划分体系来描述，分别为沙土、沙壤、轻壤、中壤、重壤和黏土。

（2）有机质：土壤肥力的重要指标，直接影响耕地地力水平。按其含量（克/千克）从高到低依次分为 6 级（＞25.00、20.01～25.00、15.01～20.00、10.01～15.00、5.01～10.00 和≤5.00）进入地力评价系统。

（3）盐渍化程度：直接影响作物出苗及能否正常生长发育，以全盐量的高低来衡量（具体指标因盐碱类型而不同），分为无、轻度、中度、重度 4 种情况。

（4）pH：过大或过小，作物生长发育均受抑。按照新荣区耕地土壤的 pH 范围，按其测定值由低到高依次分为 6 级（6.0～7.0、7.0～7.9、7.9～8.5、8.5～9.0、9.0～9.5 和≥9.5）进入地力评价系统。

4. 易变化的化学性状（有效磷、速效钾）

（1）有效磷：按其含量（毫克/千克）从高到低依次分为 6 级（＞25.00、20.1～25.00、15.1～20.00、10.1～15.00、5.1～10.00 和≤5.00）进入地力评价系统。

（2）速效钾：按其含量（毫克/千克）从高到低依次分为 6 级（＞200、151～200、101～150、81～100、51～80 和≤50）进入地力评价系统。

二、评价方法及流程

(一) 耕地地力评价

1. 技术方法

（1）文字评述法：对一些概念性的评价因子（如地形部位、土壤母质、质地构型、质地、梯田化水平、盐渍化程度等）进行定性描述。

（2）专家经验法（特尔菲法）：在山西省农科教系统邀请土肥界具有一定学术水平和农业生产实践经验的 25 名专家，参与评价因素的筛选和隶属度确定（包括概念型和数值型评价因子的评分），见表 2 - 1。

表 2-1 各评价因子专家打分意见

因 子	平均值	众数值	建议值
立地条件（C_1）	1.0	1（17）	1
土体构型（C_2）	3.3	3（15）4（7）	3
较稳定的理化性状（C_3）	4.3	3（6）5（10）	4
易变化的化学性状（C_4）	4.5	5（13）3（4）	5
地形部位（A_1）	1.0	1（23）	1
成土母质（A_2）	3.6	3（9）4（12）	3
地面坡度（A_3）	2.3	2（14）3（7）	2
耕层厚度（A_4）	2.8	3（17）2（5）	3
耕层质地（A_5）	4.2	3（7）5（11）	4
有机质（A_6）	2.7	4（14）3（11）	4
盐渍化程度（A_7）	3.6	1（13）3（10）	4
pH（A_8）	4.5	4（10）5（10）	5
有效磷（A_9）	2.9	2（13）4（10）	3
速效钾（A_{10}）	4.7	5（16）4（7）	5

（3）模糊综合评判法：应用这种数理统计的方法对数值型评价因子（如地面坡度、有效土层厚度、耕层厚度、土壤容重、有机质、有效磷、速效钾、酸碱度、灌溉保证率等）进行定量描述，即利用专家给出的评分（隶属度）建立某一评价因子的隶属函数。见表 2-2。

表 2-2 新荣区耕地地力评价数字型因子分级及其隶属度

评价因子	量纲	一级	二级	三级	四级	五级	六级
		量值	量值	量值	量值	量值	量值
地面坡度	°		2.0～5.0	5.1～8.0	8.1～15.0	15.1～25.0	≥25
耕层厚度	厘米	>30	26～30	21～25	16～20	11～15	≤10
有机质	克/千克	>25.0	>150	15.01～20.00	10.01～15.00	5.01～10.00	≤5.00
pH		6.7～7.0	7.1～7.9	8.0～8.5	8.6～9.0	9.1～9.5	≥9.5
有效磷	毫克/千克	>25.0	20.1～25.0	15.1～20.0	10.1～15.0	5.1～10.0	≤5.0
速效钾	毫克/千克	>250	201～250	151～200	101～150	51～100	≤50

（4）层次分析法：用于计算各参评因子的组合权重。本次评价将耕地生产性能（即耕地地力）作为目标层（G 层），将影响耕地生产性能的立地条件、土体构型、较稳定的理化性状、易变化的化学性状、农田基础设施条件作为准则层（C 层），再将影响准则层中的各因素的项目作为指标层（A 层），建立耕地地力评价层次结构图。在此基础上，由 34 名专家分别对不同层次内各参评因素的重要性做出判断，构造出不同层次间的判断矩阵。最后计算出各评价因子的组合权重。

（5）指数和法：采用加权法计算耕地地力综合指数，即将各评价因子的组合权重与相应的因素等级分值（即由专家经验法或模糊综合评判法求得的隶属度）相乘后累加，如：

$$IFI = \sum B_i \times A_i (i = 1, 2, 3, \cdots, 15)$$

式中：IFI——耕地地力综合指数；

　　　B_i——第 i 个评价因子的等级分值；

　　　A_i——第 i 个评价因子的组合权重。

2. 技术流程

（1）应用叠加法确定评价单元：把基本农田保护区规划图与土地利用现状图、土壤图叠加形成的图斑作为评价单元。

（2）空间数据与属性数据的连接：用评价单元图分别与各个专题图叠加，为每一评价单元获取相应的属性数据。根据调查结果，提取属性数据进行补充。

（3）确定评价指标：根据全国耕地地力调查评价指数表，由山西省土壤肥料工作站组织 34 名专家，采用特尔菲法和模糊综合评判法确定新荣区耕地地力评价因子及其隶属度。

（4）应用层次分析法确定各评价因子的组合权重。

（5）数据标准化：计算各评价因子的隶属函数，对各评价因子的隶属度数值进行标准化。

（6）应用累加法计算每个评价单元的耕地地力综合指数。

（7）划分地力等级：分析综合地力指数分布，确定耕地地力综合指数的分级方案，划分地力等级。

（8）归入农业部地力等级体系：选择 10% 的评价单元，调查近 3 年粮食单产（或用基础地理信息系统中已有资料），与以粮食作物产量为引导确定的耕地基础地力等级进行相关分析，找出两者之间的对应关系，将评价的地力等级归入农业部确定的等级体系《全国耕地类型区、耕地地力等级划分》（NY/T 309—1996）。

（9）采用 GIS、GPS 系统编绘各种养分图和地力等级图等图件。

三、评价标准体系建立

耕地地力评价标准体系建立

1. 耕地地力要素的层次结构　见图 2-2。

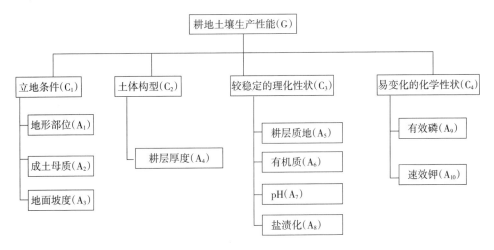

图 2-2　耕地地力要素层次结构

2. 耕地地力要素的隶属度

（1）概念性评价因子：各评价因子的隶属度及其描述见表2-3。

（2）数值型评价因子：各评价因子的隶属函数（经验公式）见表2-4。

3. 耕地地力要素的组合权重　应用层次分析法所计算的各评价因子的组合权重见表2-5。

表2-3　新荣区耕地地力评价概念性因子隶属度及其描述

地形部位	描述	河漫滩	一级阶地	二级阶地	高阶地	垣地	洪积扇（上、中、下）			倾斜平原	梁地	峁地	坡麓	沟谷
	隶属度	0.7	1.0	0.9	0.7	0.4	0.4	0.6	0.8	0.8	0.2	0.2	0.1	0.6

母质类型	描述	洪积物		河流冲种物		黄土状冲积物		残积物		保德红土		马兰黄土		离石黄土
	隶属度	0.7		0.9		1.0		0.2		0.3		0.5		0.6

耕层质地	描述	沙土		沙壤		轻壤		中壤		重壤		黏土	
	隶属度	0.2		0.6		0.8		1.0		0.8		0.4	

盐渍化程度	描述	无		轻	中	重
			碳酸钠为主，<0.1%	0.1%～0.3%	0.3%～0.5%	≥0.5%
		全盐量	氯化物为主，<0.2%	0.2%～0.4%	0.4%～0.6%	≥0.6%
			硫酸盐为主，<0.3%	0.3%～0.5%	0.5%～0.7%	≥0.7%
	隶属度	1.0		0.7	0.4	0.1

表2-4　新荣区耕地地力评价数值型因子隶属函数

函数类型	评价因子	经验公式	C	U_t
戒下型	地面坡度（°）	$y=1/[1+6.492\times10^{-3}\times(u-c)^2]$	3.0	≥25
戒上型	耕层厚度（厘米）	$y=1/[1+4.057\times10^{-3}\times(u-c)^2]$	33.8	≤10
戒上型	有机质（克/千克）	$y=1/[1+2.912\times10^{-3}\times(u-c)^2]$	28.4	≤5.00
戒下型	pH	$y=1/[1+0.5156\times(u-c)^2]$	7.00	≥9.50
戒上型	有效磷（毫克/千克）	$y=1/[1+3.035\times10^{-3}\times(u-c)^2]$	28.8	≤5.00
戒上型	速效钾（毫克/千克）	$y=1/[1+5.389\times10^{-5}\times(u-c)^2]$	228.76	≤50

表2-5　新荣区耕地地力评价因子层次分析结果

指标层		准则层				组合权重
		C_1	C_2	C_3	C_4	$\sum C_i A_i$
		0.4948	0.0979	0.2648	0.1425	1.0000
A_1	地形部位	0.5433				0.2689
A_2	成土母质	0.1969				0.0974
A_3	地面坡度	0.2597				0.1285
A_4	耕层厚度		1.0000			0.0979
A_5	耕层质地			0.2661		0.0705
A_6	有机质			0.2595		0.0687

（续）

指标层		准则层				组合权重
		C_1	C_2	C_3	C_4	$\sum C_iA_i$
		0.494 8	0.097 9	0.264 8	0.142 5	1.000 0
A_7	盐渍化程度			0.271 6		0.071 9
A_8	pH			0.202 8		0.053 7
A_9	有效磷				0.695 0	0.099 1
A_{10}	速效钾				0.305 0	0.043 4

第六节 耕地资源管理信息系统建立

一、耕地资源管理信息系统的总体设计

总体目标

耕地资源信息系统以一个区行政区域内耕地资源为管理对象，应用GIS技术对辖区内的地形、地貌、土壤、土地利用、农田水利、土壤污染、农业生产基本情况、基本农田保护区等资料进行统一管理，构建耕地资源基础信息系统，并将此数据平台与各类管理模型结合，对辖区内的耕地资源进行系统的动态管理，为农业决策者、农民和农业技术人员，提供耕地质量动态变化、土壤适宜性、施肥咨询、作物营养诊断等多方位的信息服务。

本系统行政单元为村，农田单元为基本农田保护块，土壤单元为土种，系统基本管理单元为土壤、基本农田保护块、土地利用现状叠加所形成的评价单元。

1. **系统结构** 耕地资源管理信息系统结构见图2-3。

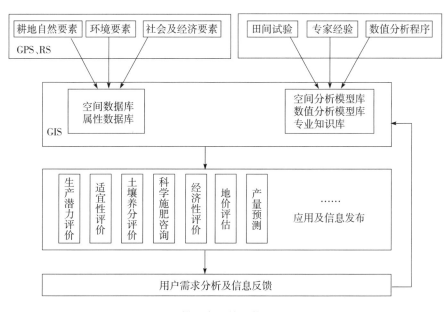

图2-3 耕地资源管理信息系统结构

2. 区域耕地资源管理信息系统建立工作流程 见图2-4。

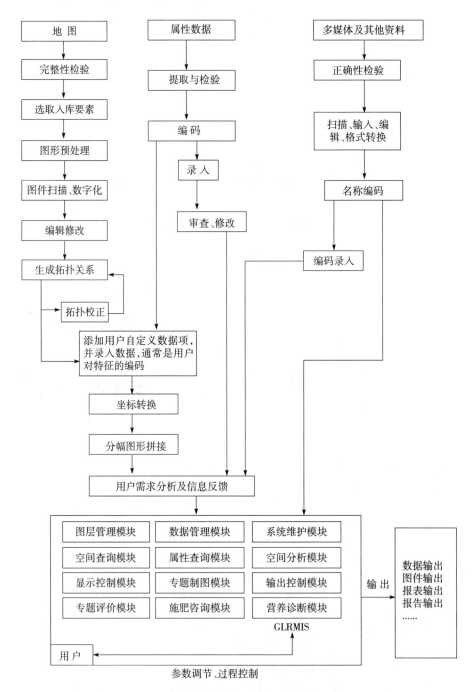

图2-4 区域耕地资源管理信息系统建立工作流程

3. CLRMIS、硬件配置

（1）硬件：P5及其兼容机，≥2G内存，≥250G硬盘，≥512M显存，A4扫描仪，彩色喷墨打印机。

（2）软件：Windows XP，Excel 2003 等。

二、资料收集与整理

1. 图件资料收集与整理　图件资料指印刷的各类地图、专题图及商品数字化矢量和栅格图。图件比例尺为 1∶50 000 和 1∶10 000。

（1）地形图：统一采用中国人民解放军总参谋部测绘局测绘的地形图。由于近年来公路、水系、地形地貌等变化较大，因此采用水利、公路、规划、国土等部门的有关最新图件资料对地形图进行修正。

（2）行政区划图：由于近年撤乡并镇等工作致使部分地区行政区划变化较大，因此按最新行政区划进行修正，同时注意名称、拼音、编码等的一致。

（3）土壤图及土壤养分图：采用第二次土壤普查成果图。

（4）基本农田保护区现状图：采用国土局最新划定的基本农田保护区图。

（5）地貌类型分区图：根据地貌类型将辖区内农田分区，采用第二次土壤普查分类系统绘制成图。

（6）土地利用现状图：现有的土地利用现状图。

（7）土壤肥力监测点点位图：在地形图上标明准确位置及编号。

（8）土壤普查土壤采样点点位图：在地形图上标明准确位置及编号。

2. 数据资料收集与整理

（1）基本农田保护区一级、二级地块登记表，国土局基本农田划定资料。

（2）其他有关基本农田保护区划定统计资料，国土局基本农田划定资料。

（3）近几年粮食单产、总产、种植面积统计资料（以村为单位）。

（4）其他农村及农业生产基本情况资料。

（5）历年土壤肥力监测点田间记载及化验结果资料。

（6）历年肥情点资料。

（7）区、乡、村名编码表。

（8）近几年土壤、植株化验资料（土壤普查、肥力普查等）。

（9）近几年主要粮食作物、主要品种产量构成资料。

（10）各乡历年化肥销售、使用情况。

（11）土壤志、土种志。

（12）特色农产品分布、数量资料。

（13）当地农作物品种及特性资料，包括各个品种的全生育期、大田生产潜力、最佳播期、移栽期、播种量、栽插密度、百千克籽粒需氮量、需磷量、需钾量等，以及品种特性介绍。

（14）一元、二元、三元肥料肥效试验资料，计算不同地区、不同土壤、不同作物品种的肥料效应函数。

（15）不同土壤、不同作物基础地力产量占常规产量比例资料。

3. 文本资料收集与整理

（1）新荣区及各乡（镇）基本情况描述。

（2）各土种性状描述，包括其发生、发育、分布、生产性能、障碍因素等。

4. 多媒体资料收集与整理

（1）土壤典型剖面照片。

（2）土壤肥力监测点景观照片。

（3）当地典型景观照片。

（4）特色农产品介绍（文字、图片）。

（5）地方介绍资料（图片、录像、文字、音乐）。

三、属性数据库建立

（一）属性数据内容

CLRMIS 主要属性资料及其来源见表 2 - 6。

表 2 - 6　CLRMIS 主要属性资料及其来源

编号	名　　　称	来　　源
1	湖泊、面状河流属性数据库	水务局
2	堤坝、渠道、线状河流属性数据	水务局
3	交通道路属性数据	交通局
4	行政界线属性数据	农业委员会
5	耕地及蔬菜地灌溉水、回水分析结果数据	农业委员会
6	土地利用现状属性数据	国土局、卫片解译
7	土壤、植株样品分析化验结果数据表	本次调查资料
8	土壤名称编码表	土壤普查资料
9	土种属性数据表	土壤普查资料
10	基本农田保护块属性数据表	国土局
11	基本农田保护区基本情况数据表	国土局
12	地貌、气候属性表	土壤普查资料
13	区乡村名编码表	民政局

（二）属性数据分类与编码

数据的分类编码是对数据资料进行有效管理的重要依据。编码的主要目的是节省计算机内存空间，便于用户理解使用。地理属性进入数据库之前进行编码是必要的，只有进行了正确的编码，空间数据库与属性数据库才能实现正确连接。编码格式有英文字母与数学组合。本系统主要采用数字表示的层次型分类编码体系，它能反映专题要素分类体系的基本特征。

（三）建立编码字典

数据字典是数据库应用设计的重要内容，是描述数据库中各类数据及其组合的数据集合，也称元数据。地理数据库的数据字典主要用于描述属性数据，它本身是一个特殊用途的文件，在数据库整个生命周期里都起着重要的作用。它避免重复数据项的出现，并提供了查询数据的唯一入口。

（四）数据库结构设计

属性数据库的建立与录入可独立于空间数据库和 GIS 系统，可以在 Access、dBase、FoxBase 和 FoxPro 下建立，最终统一以 dBase 的 dbf 格式保存入库。下面以 dbase 的.dbf 数据库为例进行描述。

1. 湖泊、面状河流属性数据库 lake. dbf

字段名	属　性	数据类型	宽　度	小数位	量　纲
lacode	水系代码	N	4	0	代　码
laname	水系名称	C	20		
lacontent	湖泊储水量	N	8	0	万立方米
laflux	河流流量	N	6		立方米/秒

2. 堤坝、渠道、线状河流属性数据 stream. dbf

字段名	属　性	数据类型	宽　度	小数位	量　纲
ricode	水系代码	N	4	0	代　码
riname	水系名称	C	20		
riflux	河流、渠道流量	N	6		立方米/秒

3. 交通道路属性数据库 traffic. dbf

字段名	属　性	数据类型	宽　度	小数位	量　纲
rocode	道路编码	N	4	0	代　码
roname	道路名称	C	20		
rograde	道路等级	C	1		
rotype	道路类型	C	1		（黑色/水泥/石子/土地）

4. 行政界线（省、市、县、乡、村）属性数据库 boundary. dbf

字段名	属　性	数据类型	宽　度	小数位	量　纲
adcode	界线编码	N	1	0	代　码
adname	界线名称	C	4		

adcode	name
1	国　界
2	省　界
3	市　界
4	县　界
5	乡　界
6	村　界

5. 土地利用现状属性数据库 landuse*. dbf

字段名	属　性	数据类型	宽　度	小数位	量　纲
lucode	利用方式编码	N	2	0	代　码
luname	利用方式名称	C	10		

＊土地利用现状分类表。

6. 土种属性数据表＊soil. dbf

字段名	属 性	数据类型	宽 度	小数位	量 纲
sgcode	土种代码	N	4	0	代 码
stname	土类名称	C	10		
ssname	亚类名称	C	20		
skname	土属名称	C	20		
sgname	土种名称	C	20		
pamaterial	成土母质	C	50		
profile	剖面构型	C	50		

＊土壤系统分类表。

7. 土种典型剖面有关属性数据

text	剖面照片文件名	C	40		
picture	图片文件名	C	50		
html	HTML 文件名	C	50		
video	录像文件名	C	40		

8. 土壤养分（pH、有机质、氮等）**属性数据库 nutr＊＊＊＊. dbf** 本部分由一系列的数据库组成，视实际情况不同有所差异，如在盐碱土地区还包括盐分含量及离子组成等。

（1）pH 库 nutrpH. dbf：

字段名	属 性	数据类型	宽 度	小数位	量 纲
code	分级编码	N	4	0	代 码
number	pH	N	4	1	

（2）有机质库 nutrom. dbf：

字段名	属 性	数据类型	宽 度	小数位	量 纲
code	分级编码	N	4	0	代 码
number	有机质含量	N	5	2	百分含量

（3）全氮量库 nutrN. dbf：

字段名	属 性	数据类型	宽 度	小数位	量 纲
code	分级编码	N	4	0	代 码
number	全氮含量	N	5	3	百分含量

（4）速效养分库 nutrP. dbf：

字段名	属 性	数据类型	宽 度	小数位	量 纲
code	分级编码	N	4	0	代 码
number	速效养分含量	N	5	3	毫克/千克

9. 基本农田保护块属性数据库 farmland. dbf

字段名	属 性	数据类型	宽 度	小数位	量 纲
plcode	保护块编码	N	7	0	代 码

plarea	保护块面积	N	4	0	亩
cuarea	其中耕地面积	N	6		
eastto	东　至	C	20		
westto	西　至	C	20		
sorthto	南　至	C	20		
northto	北　至	C	20		
plperson	保护责任人	C	6		
plgrad	保护级别	N	1		

10. 地貌*、气候属性 landform. dbf**

字段名	属　　性	数据类型	宽　度	小数位	量　纲
landcode	地貌类型编码	N	2	0	代　码
landname	地貌类型名称	C	10		
rain	降水量	C	6		

＊地貌类型编码表。

11. 基本农田保护区基本情况数据表（略）

12. 县、乡（镇）、村名编码表

字段名	属　　性	数据类型	宽　度	小数位	量　纲
vicodec	单位编码—县内	N	5	0	代　码
vicoden	单位编码—统一	N	11		
viname	单位名称	C	20		
vinamee	名称拼音	C	30		

（五）数据录入与审核

数据录入前仔细审核，数值型资料注意量钢、上下限，地名应注意汉字多音字、繁简体、简全称等问题，审核定稿后再录入。录入后仔细检查，保证数据录入无误后，将数据库转为规定的格式（dbase 的 . dbf 文件格式文件），再根据数据字典中的文件名编码命名后保存在规定的子目录下。

文字资料以 . txt 格式命名保存，声音、音乐以 . wav 或 . mid 文件保存，超文本以 . html 格式保存，图片以 . bmp 或 . jgp 格式保存，视频以 . avi 或 . mpg 格式保存，动画以 . gif 格式保存。这些文件分别保存在相应的子目录下，其相对路径和文件名录入相应的属性数据库中。

四、空间数据库建立

（一）数据采集的工艺流程

在耕地资源数据库建设中，数据采集的精度直接关系到现状数据库本身的精度和今后的应用，数据采集的工艺流程是关系到耕地资源信息管理系统数据库质量的重要基础工作，因此对数据的采集制定了一个详尽的工艺流程。首先，对收集的资料进行分类检查、整理与预处理；其次，按照图件资料介质的类型进行扫描，并对扫描图件进行扫描校正；

再次，进行数据的分层矢量化采集、矢量化数据的检查；最后，对矢量化数据进行坐标投影转换与数据拼接工作以及数据、图形的综合检查和数据的分层与格式转换。具体数据采集的工艺流程见图 2-5。

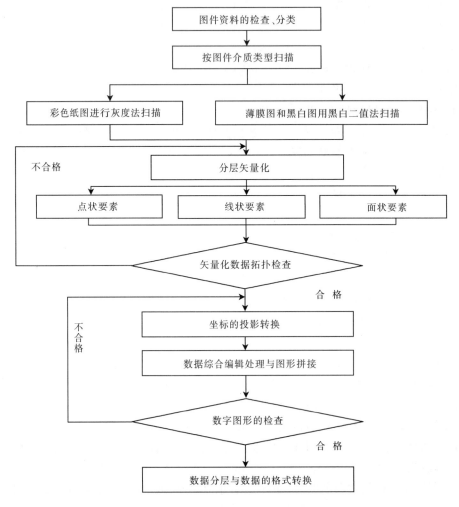

图 2-5　数据采集的工艺流程

（二）图件数字化

1. 图件的扫描　由于所收集的图件资料为纸介质的图件资料，所以采用灰度法进行扫描。扫描的精度为 300dpi。扫描完成后将文件保存为 .tif 格式。在扫描过程中，为了能够保证扫描图件的清晰度和精度，对图件先进行预见扫描。在预见扫描过程中，检查扫描图件的清晰度，其清晰度必须能够区分图内的各要素，然后利用 Lontex Fss 8300 扫描仪自带的 CAD image/scan 扫描软件进行角度校正，角度校正后必须保证图幅下方两个内图廓点的连线与水平线的角度误差小于 0.2°。

2. 数据采集与分层矢量化　对图形的数字化采用交互式矢量化方法，确保图形矢量化的精度。在耕地资源信息系统数据库建设中需要采集的要素有点状要素、线状要素和面状要素。由于所采集的数据种类较多，所以必须对所采集的数据按不同类型进行分层采集。

（1）点状要素的采集：可以分为两种类型，一种是零星地类，另一种是注记点。零星地类包括一些有点位的点状零星地类的无点位的零星地类。对于有点位的零星地类，在数据的分层矢量化采集时，将点标记置于点状要素的几何中心点，对于无点位的零星地类在分层矢量化采集时，将点标记置于原始图件的定位点。农化点位、污染源点位等注记点的采集按照原始图件资料中的注记点，在矢量化过程中逐一标注相应的位置。

（2）线状要素的采集：在耕地资源图件资料上的线状要素主要有水系、道路、带有宽度的线状地物界、地类界、行政界线、权属界线、土界、等高线等，对于不同类型的线状要素，进行分层采集。线状地物主要是指道路、水系、沟渠等，线状地物数据采集时考虑到有些线状地物，由于其宽度较宽，如一些较大的河流、沟渠，它们在地图上可以按照图件资料的宽度比例表示为一定的宽度，则按其实际宽度的比例在图上表示；有些线状地物，如一些道路和水系，由于其宽度不能在图上表示，在采集其数据时，则按栅格图上的线状地物的中轴线来确定其在图上的实际位置。对地类界、行政界、土种界和等高线数据的采集，保证其封闭性和连续性。线状要素按照其种类不同分层采集、分层保存，以备数据分析时进行利用。

（3）面状要素的采集：面状要素要在线状要素采集后，通过建立拓扑关系形成区后进行。由于面状要素是由行政界线、权属界线、地类界线和一些带有宽度的线状地物界等结状要素所形成的一系列的闭合性区域，其主要包括行政区、权属区、土壤类型区等图斑。所以对于不同的面状要素，因采用不同的图层对其进行数据的采集。考虑到实际情况，将面状要素分为行政区层、地类层、土壤层等图斑层。将分层采集的数据分层保存。

（三）矢量化数据的拓扑检查

由于在矢量化过程中不可避免地要存在一些问题，因此，在完成图形数据的分层矢量化以后，要进行下一步工作时，必须对分层矢量化以后的数据进行矢量化数据的拓扑检查。在对矢量化数据的拓扑检查中主要是完成以下几方面的工作：

1. 消除在矢量化过程中存在的一些悬挂线段　在线状要素的采集过程中，为了保证线段完全闭合，某些线段可能出现相互交叉的情况，这些均属于悬挂线段。在进行悬挂线段的检查时，首先使用 MapGIS 的线文件拓扑检查功能，自动对其检查和清除，如果其不能自动清除的，则对照原始图件资料进行手工修正。对线状要素进行矢量化数据检查完成以后，随即由作图员对所矢量化的数据与原始图件资料相对比进行检查，如果在对检查过程中发现有一些通过拓扑检查所不能解决的问题，矢量化数据的精度不符合精度要求的，或者是某些线状要素存在着一定的位移而难以校正的，则对其中的线状要素进行重新矢量化。

2. 检查图斑和行政区等面状要素的闭合性　图斑和行政区是反映一个地区耕地资源状况的重要属性，在对图件资料中的面状要素进行数据分层矢量化采集中，由于图件资料中所涉及的图斑较多，在数据的矢量化采集过程中，有可能存在着一些图斑或行政界的不闭合情况，可以利用 MapGIS 的区文件拓扑检查功能，对在面状要素分层矢量化采集过程中所保存的一系列区文件进行矢量化数据的拓扑检查。在拓扑检查过程中可以消除大多数区文件的不闭合情况。对于不能自动消除的，通过与原始图件资料的相互检查，消除其不闭合情况。如果通过对矢量化以后的区文件的拓扑检查，可以消除在矢量化过程中所出现的上述问题，则进行下一步工作；如果在拓扑检查以后还存在一些问题，则对其进行重新矢量化，以确保系统建设的精度。

（四）坐标的投影转换与图件拼接

1. 坐标转换　在进行图件的分层矢量化采集过程中，所建立的图面坐标系（单位为毫米），而在实际应用中，则要求建立平面直角坐标系（单位为米）。因此，必须利用 MapGIS 所提供的坐标转换功能，将图面坐标转换成为正投影的大地直角坐标系。在坐标转换过程中，为了能够保证数据的精度，可根据提供数据源的图件精度的不同，在坐标转换过程中，采用不同的质量控制方法进行坐标转换工作。

2. 投影转换　区级土地利用现状数据库的数据投影方式采用高斯投影，也就是将进行坐标转换以后的图形资料，按照大地坐标系的经纬度坐标进行转换，以便以后进行图件拼接。在进行投影转换时，对 1∶10 000 土地利用图件资料，投影的分带宽度为 3°。但是根据地形的复杂程度，行政区的跨度和图幅的具体情况，对于部分图形采用非标准的 3°分带高斯投影。

3. 图件拼接　南郊区提供的 1∶10 000 土地利用现状图是采用标准分幅图，在系统建设过程中应图幅进行拼接。在图斑拼接检查过程中，相邻图幅间的同名要素误差应小于 1毫米，这时移动其任何一个要素进行拼接，同名要素间距在 1～3 毫米的处理方法是将两个要素各自移动一半，在中间部分结合，这样图幅拼接完全满足了精度要求。

五、空间数据库与属性数据库的连接

MapGIS 系统采用不同的数据模型分别对属性数据和空间数据进行存储管理，属性数据采用关系模型，空间数据采用网状模型。两种数据的连接非常重要。在一个图幅工作单元 Coverage 中，每个图形单元由一个标识码来唯一确定。同时一个 Coverage 中可以若干个关系数据库文件即要素属性表，用以完成对 Coverage 的地理要素的属性描述。图形单元标识码是要素属性表中的一个关键字段，空间数据与属性数据以此字段形成关联，完成对地图的模拟。这种关联是 MapGIS 的两种模型联成一体，可以方便地从空间数据检索属性数据或者从属性数据检索空间数据。

对属性与空间数据的连接采用的方法是：在图件矢量化过程中，标记多边形标识点，建立多边形编码表，并运用 MapGIS 将用 Foxpro 建立的属性数据库自动连接到图形单元中，这种方法可由多人同时进行工作，速度较快。

第三章 耕地土壤的立地条件和农田基础设施

第一节 耕地土壤的立地条件

耕地土壤是人类历史的自然体，是地形地貌、母质、自然气候、生物植被、水文地质、人类活动各大成土因素上百万年或更长时间共同作用的产物，是人类最基本的生产资料。耕地土壤的理化性状、土壤肥力、生产性能等都是气候、地形、母质、种植作物和人类耕作施肥等成土因素的具体反映。耕地土壤的立地条件（即成土因素）直接影响土壤的形成过程、成土因素和土壤形态特征，决定土壤的各种理化性状。所以只有认真分析各种成土因素与耕地土壤之间的相互关系，才能揭示耕地土壤的主要矛盾、限制因素、低产原因的规律和实质，更好地服务于农业生产，进行土壤培肥、中低产田改良。

一、地形地貌

新荣区的地形地貌是由于历次构造运动形成的。燕山运动时期发生了剧烈的挤压，形成了一系列东北西南走向的山脉。新荣区西南部的雷公山，大同市中部的武周山与东北部的采凉山状似"多"字形。雷公山东侧与采凉山西侧同时发生了断层，加上新生代喜马拉雅运动，造成东北、西南的大断裂带，形成了现在的破鲁盆地和单斜山脉。在盆地下降的同时，上述山地相对上升，在外力作用下发生了不同程度的侵蚀、剥蚀作用，加之岩石风化难易不同，形成了高度不同的各种山地地貌，从而形成山地草甸土；在盆地下降的同时，武周山西部地区则相对上升成为高地，即现在的新荣、雅儿崖一带高原，高原上均为黄土堆积，地面沟壑纵横，从而形成栗钙土和粗骨土；由于构造作用，一些地区下陷形成高原洼地，从而形成隐育性土潮土；在喜马拉雅山运动时期，新荣地区除大量的断层以外，还有大量的火山运动，境内的弥陀山、孤山等地有玄武岩裂隙喷出，玄武岩覆盖于花岗片麻岩山，成为平坦高地，从而形成石质土和粗骨土。其中，海拔在1 400～2 144米的土石山区，面积为31.24万亩，占总面积的20.7%；海拔1 100～1 400米的缓坡丘陵及河川阶地119.70万亩，占总面积的79.3%。新荣区土壤分布受地形地貌的影响，随着海拔高度的变化，由高到低呈现有规律的分布，形成多样的土壤类型。共划分七大土类，分别为山地草甸土、栗钙土、潮土、盐土、石质土、粗骨土、风沙土。

新荣区的地形西、南、北部高，沿河较为平坦开阔；中部弥陀山、二道沟梁将该区分割为两个小盆地；西部为淤泥河盆地包括破鲁堡、郭家窑2个乡；东北部为涓子河盆地，属堡子湾乡。整个区域大致可分为4个独立的微型地貌单元：弥陀山低山丘陵侵蚀区。其位置处于郭家窑、堡子湾2个乡的交界部，以马武沟、闫家窑、二道梁、二队窑、拒墙堡以东一线往北；境内丘陵起伏，黄土深厚，加之降水集中，多呈暴雨，侵蚀严重，沟壑纵横。马头山东坡侵蚀区。位于郭家窑乡西部，刘家窑、四道沟一线以西，为由西向东倾斜的斜坡侵蚀区，河谷呈平行状由西向东延伸。淤泥河低地盆地区。其范围为上述两区以东、以南的区域；由于地形较为开阔、坡度平缓，形成三角形的汇水盆地；各支流在夏季洪水期，夹带泥沙汇流到盆地，盐分长期积聚，使土地盐渍化；每到干旱季节，泛盐、泛碱，难以利用。拒马河河漫滩区位于堡子湾乡涓子河上游段，基本上是涓子河河漫滩和一级阶地；由于河流长期出水不畅，河道淤塞，河水漫流而致；形成有水是河、无水是滩的状况；该区域地势平坦，土层深厚，肥力较高；有大片荒滩地，开发潜力大。

二、水文地质与土壤

（一）水资源状况

新荣区境内是一个大型山间构造，东西隆凸而中部下陷的高原盆地。地面河流较多，山岩裂隙发达，地下水补给充足，地表水和地下水资源丰富。主要河流有淤泥河、涓子河、饮马河、万泉河，均属桑干河支流、永定河水系。全区水资源总量 14 876.4 万立方米。其中，区外入境水量 9 748.5 万立方米，占水资源总量的 65.5%；全区境内水资源总量 5 128.3 万立方米，占水资源总量的 34.5%。在本地水资源总量中，地下水为 2 958.7 万立方米，河川径流量为 2 735.8 万立方米。地下水可开采量为 3 169.6 万立方米。全区共有小型水库 11 座，总库容为 399.8 万立方米，有效灌溉面积 0.12 万亩。

1. 河流水系 新荣区河流主要有淤泥河、涓子河、饮马河、万泉河，均属桑干河支流、永定河水系。这些河流的特点是河床落差大、流速急、泥沙含量高。山地型和夏雨型特征强烈，清水流量小、洪水流量大。洪水主要集中在 7 月、8 月。全年径流量约 2 735.8 亿立方米。群众多以洪水澄地肥田和改良土壤，"洪积""灌淤"一类的土壤由此形成。

淤泥河发源于内蒙古自治区凉城县马头山下曹碾村，由西向东横贯新荣区的郭家窑、破鲁堡、上深涧、新荣 4 个乡（镇），在南郊区古店镇的山底村汇入御河。全流域面积 743 平方千米，境内面积 523 平方千米；流域全长 56.4 千米，境内长 36.7 千米，年平均流量 2 002 万立方米，灌溉土地 2.5 万亩。

涓子河发源于弥陀山东麓，流经堡子湾，在黑土墩村西北汇入饮马河。境内流域面积 69 平方千米，河道全长 23 千米，平均河道比降 1∶376，是四条河中比降最小的一条河流；干流蜿蜒曲折，两岸低洼，是渍涝威胁最大的区域。

饮马河发源于内蒙古自治区丰镇县红河坝，由北向南流经本区，在南郊区吉家庄汇入桑干河；新荣区黍地沟、孤山以上叫饮马河，以下叫御河。饮马河全流域面积 2 619 平方千米，境内面积 102 平方千米；流域全长 85 千米，境内长 22.3 千米，平均河道比降 1∶318，饮马河是流经本区最大的河流，河床宽阔，特别是堡子湾村以上至镇羌堡河段两岸还有大片滩涂荒地和盐碱荒地，面积达 1 万亩。

万泉河发源于内蒙古自治区丰镇县官屯堡村乡，由镇川口村入境，在黍地沟汇入御河。万泉河全流域面积 329 平方千米，境内面积 220 平方千米；流域全长 26.87 千米，境内长 16.3 千米，平均河道比降 1：63；万泉河是全区清水流量最多、水质最好的一条河流，其年平均径流量达 1 500 万立方米，其中河川基流量 1 260 万立方米。

大同市新荣区地处黄土丘陵区，境内山丘起伏，沟壑纵横，海拔为 1 100～2 144.6 米，无霜期为 115 天，年均降水量 400 毫米左右。气候寒冷干燥，属温带大陆性季风气候。全区地势北高南低，东西隆凸而中部低洼；北部外长城环抱南顾，南部雷公山虎踞北望，东部大同市最高山脉采凉山雄峙，西部马头山仰止争锋，更有弥陀山点缀中北，雄浑伟岸，东西南北和而不同，各领风骚无限风光。

2. 水文地质与地下水开采 根据岩性特征，新荣区的含水岩系可分为以下 3 种。

（1）松散类潜水含水岩类：

①黄土高原潜水含水岩组。主要由第四系上更新统坡洪积物和中更新统洪积物组成。多分布在盆地边缘与边山接壤的高原地带。该含水岩系位置相对较高，且地表沟壑发育。含水层岩性为沙砾石或中粗沙夹土质，一般 3～5 层厚 8～25 米，个别地方可大于 40 米，含潜水。地下水位较深，常在 30～60 米，深的可达 90 米左右，个别地区稍浅在 15 米左右。含水岩组富水性通常较小，混层开采单井涌水量一般小于 20 立方米/时，泉水流量小于 10 立方米/时，地下水水质类型以 HCO_3 - Na - Ca 型为主，其次为 HCO_3 - Na - Mg 型和 HCO_3 - Ca - Mg 型。矿化度在 0.3 克/升左右。

②洪积扇裙潜水含水岩组。该含水岩组由第四系全新统、上中更新和下更新统上部的洪积物组成，分布于山前各峪口，海拔为 1 150～1 300 米。坡度变化较大，前缘 3°～5°，上部可达 10°。含水层岩性为沙砾卵石层，以颗粒粗、厚度大，向前缘层次增多为特点。含水层厚度一般为 35～75 米，该含水岩组含潜水。地下水埋藏深度自扇顶向前缘和两侧逐渐变小，一般洪积扇的顶部大于 60 米，中部 15～30 米，下部 10～15 米，前缘常小于 10 米。该含水岩组富水性很强，水质好，矿化度小于 0.5 克/升，水质类型为 HCO_3 - Ca - Mg 型或 Na - Ca 型，在轴部混合开采单井出水量多大于 100 立方米/时，或 60～100 立方米/时，后缘或扇间地带为 20～60 立方米/时。口泉沟洪积扇的富水性由中上部向前缘逐渐变弱，中上部混合开采出水量多在 60～100 立方米/时，或大于 100 立方米/时，下部前缘为 20～60 立方米/时，水质类型为 HCO_3 - Mg - Ca 或 HCO_3 - Na - Ca 型。

③倾斜平原潜水含水岩组。该含水岩组包括第四系全新统洪积物，上更新统洪积物、冲洪积物，中更新统洪积物和下更新统湖积物。主要分布于花园屯一带，所处地形一般较为平坦，向盆地中心平缓倾斜。含水岩性以中粗沙为主，靠近边山和黄土丘陵一带沙砾石增多，与冲洪积平原接触地带则粉细沙多见。一般均大于 10 米，靠近山的地方可达 50 米左右。该含水岩组富水性一般较强，靠近边山和黄土丘陵地带较强，花园屯一带，混层单井出水量在 60～100 立方米/时。水质较好，属 HCO_3 - Ca - Mg，矿化度均小于 1 克/升。

④冲洪积平原潜水含水岩组。分布于盆地中心，沿御河两岸地带。所处地带一般较为平坦、开阔，微向河谷下游倾斜，坡度多小于 1°。部分地区沼泽化、盐渍化，盐渍化是其显著特点。该含水岩组主要由第四系全新统、上中更新统的冲积物和下更新统湖积物组成。含水岩性由在刚出山的河流及其古河道上，主要为中粗沙和沙砾石，厚度一般为 15～35 米。离山越远含水层颗粒越细。

（2）岩浆岩裂隙水含水岩系：主要是玄武岩火山群裂隙水含水岩组。主要分布在北部寺儿梁一带。含水层为节理裂隙发育的玄武岩，含裂隙潜水，其富水程度主要受地形地貌和节理裂隙程度所控制。一般来说，地下水较为缺乏，单井出水量小于 3 立方米/时，而在地形低洼及沟谷近旁可打井供水。多为 $HCO_3 - Na - Mg$ 型水，矿化度小于 1 克/升。

（3）变质岩类裂隙水含水岩系：地表出露面积广阔，分布在采凉山、雷公山前缘。含水层为太古界桑干群变质岩风化壳及构造破碎带。风化壳含裂隙水，埋深 0～100 米或更大。在分布地区几乎沟沟有泉水，但流量很小。埋深 10～40 米，多为 $HCO_3 - Ca - Mg$ 型水，矿化度小于 0.5 克/升。

（二）地质状况

大同市出露地表层的母岩有太古界桑干群片麻岩。古生界寒武系、奥陶系、石炭系，二叠系；中生界侏罗系、白垩系及新生界第三系和第四系的地层。

太古界桑干群的主要岩性由花岗片麻岩、斜长角闪片麻岩、黑云斜长片麻岩、硅浅榴石、正长片麻岩、石墨、麻拉岩大理岩以及各种混合岩化的混合岩。分布在采凉山和雷公山。

寒武系下、中、上统地层都有出露，下统以砖红色和紫红色泥岩为主，夹泥质灰岩、白云质灰岩，底部有 1 米厚的底砾岩。中统下部以深紫色泥岩和结晶灰岩为主；中统上部以泥质条带灰岩为主，夹中厚层灰岩及竹叶状灰岩。上统中、下部为灰岩、紫色灰岩、泥质灰岩、紫色竹叶状灰岩；上统上部以白云母和白云质灰岩为主。

奥陶系在新荣区有下统出露，主要岩性有灰岩、白云岩条带的白云母，底部有 1 米厚的黄绿色砂岩。石炭系中、上统在全区出露较全；中统主要岩性有灰白色砂岩、灰色页岩和深灰色页岩中夹一层红色岩和煤层。上统主要岩性底部为粗砂岩 5 米煤层，中部为 20 米煤层，上部为黄色、灰色砂页岩。5～20 米煤层中有煌斑岩床侵入体。

中生界在新荣区仅有侏罗系下中统和白垩系出露，分布于雷公山以西一直伸延到左云、右玉 2 个县。

侏罗系下统主要岩性为砾岩，含砾粗砂岩，紫色、灰色、黄色砂页岩和泥岩等沉积岩系。中统的主要岩性有砾岩、灰白色粗砂岩、紫色砂页岩、灰色和紫色泥岩，下部夹有煤层。

白垩系分布于新荣区以东延伸到山西与内蒙古交界处，主要岩性有砾石，紫红色、灰色、灰黄色、灰绿色、灰蓝色等砂岩、页岩、泥岩。

新生界的第三系和第四系分布于新荣区境内，第三种岩性主要有红黏土，中有岩屑侵入体，分布于孤山、西寺儿梁山、弥陀山等地。

第四系在新荣区出露较全：一是离石组岩性为沙层，上部以红黄土为主，颜色为红黄色。结构由粉沙向黏土过渡。中夹姜石或钙积层。分布于低山，丘陵剥蚀侵蚀面，严重地区裸露地表，以及沟壑两侧中、下部。二是马兰组为风成黄土，岩性为浅灰黄色，机构为粉沙状，矿物成分以石英、长石、方解石、高岭土为主垂直节理发育，分布于丘陵中、下部和山前洪积扇。三是近代堆积物多为砾石层、沙层和土层，分布于各大小河流两岸，河漫滩和第一级阶地以及山前倾斜平原。母岩对土壤的发育形成有着直接关系，无论是发育较完全的土壤，还是发育较差的土壤，均有一定的母岩特征。

三、成土母质

1. 残积物　是山地和丘陵地区的基岩经过风化淋溶残留在原地形成的土壤，是新荣区山区主要成土母质。其特点是土层薄厚相差较大，由于母岩的种类不同，理化性状各异。全区主要有石灰岩质、砂岩质、花岗片麻岩质、白云岩 4 种岩石风化残积母质，主要分布在西北部五路山和东南部尖口山区。

2. 洪积物　是山区或丘陵区因暴雨汇成山洪造成大片侵蚀地表，搬运到山麓坡脚的沉积物。往往谷口沉积砾石和粗沙物质，沉积层次不清；而较远的洪积扇边缘沉积的物质较细，或粗沙粒较多的黄土性物质。层次较明显，主要分布于各个边山峪口处的洪积扇和洪积平原上。

3. 黄土及黄土状物质　是第四纪晚期上更新统（Q₃）的沉积物，黄土母质、黄土状母质和红黄土母质是新荣区的主要成土母质。

（1）黄土母质：为马兰黄土，以风积为主。颜色灰黄，质地均一，无层理，不含沙砾，以粉沙为主，碳酸盐含量较高，有小粒状的石灰性结核，主要分布于全区的低山区和黄土丘陵区。

（2）黄土状母质：为次生黄土，系黄土经流水侵蚀搬运后堆积而成。与黄土母质性质相近，主要分布于丘陵和一级、二级阶地上，涉及花园屯乡等乡（镇）。

（3）红黄土母质：颜色红黄，质地较细，常有棱块，棱柱状结构，碳酸盐含量较少，中性或微碱性。黄土丘陵区由于地质活动或重度侵蚀，红黄土出露地表，成为丘陵区的成土母质之一，和黄土母质交错分布。

4. 冲积物　是风化碎屑物质、黄土等经河流侵蚀、搬运和沉积而成。由于河水的分选，造成不同质地的沉积层理。一般粗细相间，在水平方向上，越近河床越粗，在垂直剖面上沙黏交替。主要分布于元子河、十里河、淤泥河的河漫滩和一级阶地。

第二节　农田基础设施

农田基础设施是农业生产活动的产物。农业生产活动是土壤形成的人为因素，它与 5 种自然成土因素并列为两大成土因素，对土壤的影响是极其深刻的。它不仅能改变地形条件和径流条件，而且能改变土壤原来的水文状况和动态，势必使耕地的肥力发展过程发生根本性的变化。农田基础设施主要以农田基本建设的指标来衡量，它是改造和建设农田的重要环境因素，如土地平整状况、灌溉保证率、抗旱排涝能力、农田林网及道路等。

一、农田基础设施

中华人民共和国成立以来，新荣人民全面贯彻农业"八字宪法"连年大搞农田基本建设，特别是 20 世纪 60 年代的"农业学大寨"运动和 90 年代以来的旱作农业、中低产田改造、盐碱地的改良等农业综合开发治理工程的实施，使新荣区农田基础设施得到了很大的改善，农作物高产优质低成本的增效能力日益增强。

1. 水土流失得到有效控制 新荣区境内以缓坡丘陵为主，地形起伏变化较大。山丘区坡陡沟多、地面径流多、冲刷力强，再加上气候干燥、降水集中、黄土土质疏松、垂直节理发育，以及受人为的乱砍滥伐、掠夺性开荒，造成全区耕地土壤水土流失比较严重。据统计，全区水土流失面积达到 83.7 万亩，占到全区土地面积的 55.5%，侵蚀模数3 713～7 674 吨/（平方千米·年），每年平均土壤侵蚀厚度为 1.6～3.3 毫米。为了全面治理水土流失现象，全区开展了以打坝造地、机修梯田、种草种树、平田整地为主的治理措施。目前，全区已治理水土流失面积 24 万亩，占全区水土流失面积的 28.67%。其中，小流域治理 4 万亩，沟坝地 3 万亩，水保林 1 万亩，封山育林 3 万亩，种草 5 万亩，水平梯田 2 万亩，滩地 4 万亩，平垣地 2 万亩。

2. 盐碱危害得到有效治理 在高原洼地和平川区河流两岸，由于地下水位高，地面蒸发量大，土壤盐碱危害比较严重。新荣区的盐碱土主要分布在淤泥河和涓子河流域的低洼处，盐碱地面积 1.47 万亩，盐碱地面积占全区土地总面积 0.97%，占耕地面积的3.0%。其中，苏打盐土 0.99 万亩，表层土壤含盐可高达 100 克/千克，盐碱严重，危害大。盐碱危害主要以硫酸盐、苏打盐化为主。通过广泛开展开渠通道、打井配套、平田整地等工程措施，以及大力增施有机肥、农家肥、土壤改良剂，合理施用化肥等农业措施，盐碱危害已得到有效治理。目前已治理盐碱地面积 0.89 万亩，占到全区盐碱耕地面积60.5%。盐碱地地下水位已由 1.5～2 米下降到 4～5 米，盐碱危害也由轻、中、重度下降到轻、中度，其中以轻度为主。

3. 农田肥力基础明显提高 据第二次全国土壤普查，新荣区农田土壤养分呈现有机质低、缺氮、少磷、钾较丰富的状况；山丘区水土流失，平川区盐碱危害较严重。土地贫瘠，广种薄收，环境恶化，灾害频繁，是新荣区农业生产长期以来增长缓慢的主要限制因素。从 20 世纪 80 年代至今，接连在山丘区以机修梯田、打坝造地、平田整地、种草种树，平川区以打井配套、开渠修路、平田整地、小流域治理、河流滩涂治理开发、植树造林、建设农田防护林体系等为主的农田基本建设，以及增施有机肥，粮草轮作，合理使用化肥等农业措施，土壤肥力有了很大的提高，土壤生态环境得到了明显改善。据本次耕地地力调查，全区耕地土壤有机质、全氮、有效磷、速效钾分别由原来的 8.4 克/千克、0.62 克/千克、5.35 毫克/千克和 75 毫克/千克，转变为 12.35 克/千克、0.67 克/千克、5.50 毫克/千克和 77 毫克/千克。

二、农田灌溉系统设施

2010 年，新荣区共有蓄水工程 15 座。其中，中型水库 1 座，总库容 8 563 万立方米；小型水库 11 座，总库容 189.11 万立方米；塘坝 3 座，总库容 16.9 万立方米。全区有引水工程 35 处，提水工程 27 处，水井 715 眼。其中，农用机电配套 449 眼，机电灌站 23处，有效灌溉面积 1.12 万亩。用于灌溉的主要集中在花园屯、蔡家窑和拒墙堡等乡（镇），3 个水库有效灌溉面积 0.12 万亩，潜力尚未充分发挥。

三、农田配套系统设施

农田配套系统主要指林、电、路的建设状况，20世纪90年代以来，新荣区致力于农业综合开发，取得了显著成效。

1. 大力实施农田电网改造工程　20世纪90年代以来，国家大力扶持农业，进行农业综合开发，先后投入资金300万元，进行村村通电工程。新荣区共有35千伏输出线路3条，总长34千米，10千伏输出线路18条，总长700千米，35千伏变电站2个，主变4台，总容量21 000千伏安，使农田电力作业得到了基本保证。

2. 农田林网道路基本形成　新荣区处于晋北高寒风沙地区，自然气候条件比较恶劣，农业自然灾害多。建设稳定的农业生态环境，必须加快林业发展步伐。到2010年，造林保存面积由1990年的42万亩增加到57万亩。实际森林覆盖率由15.7%升到35.1%，村庄、道路四旁实现绿化、美化，农田林网防护面积达到8万亩左右，使全区农业生产环境和人民生活环境从根本上得到改善。

第四章　耕地土壤属性

第一节　耕地土壤类型

一、土壤类型及分布

由于受地形、地貌、水文、气候以及人为因素的影响，新荣区土壤类型种类繁多，既有山地草原草甸土山地土壤，又有地带性栗钙土，还有受地下水影响形成的隐域性土壤潮土、盐化潮土，以及其他隐域性的粗骨土。按照全国第二次土壤普查技术规程和1991年山西省第二次土壤普查分类系统，新荣区土壤分类采用土类、亚类、土属、土种4级分类制，共划分为七大土类、12个亚类、21个土属、32个土种。具体分布见表4-1。

表4-1　新荣区土壤分布状况

单位：亩

土　类		亚　类		土　属		土　种		分　布
名称	面积	名称	面积	名称	面积	名称	面积	
山地草甸土	26 526.5	山地草原草甸土	26 526.5	麻沙质山地草原草甸土	26 526.5	薄麻沙质草毡土	21 677.2	分布在新荣区花园屯乡境内的采凉山上部，海拔在1 500米以上
						麻沙质草毡土	4 849.3	
栗钙土	1 147 467.8	栗钙土性土	1 059 710.2	红黄土栗钙土性土	371 314.2	沙红栗性土	237 859.4	广泛分布在新荣区的低山、丘陵和平原
						红栗性土	133 454.8	
				沙泥质栗钙土性土	94 123.3	粗沙泥质栗性土	80 011.7	
						沙泥质栗性土	14 111.6	
				洪积栗钙土性土	238 768.3	耕洪栗性土	120 615.0	
						洪栗性土	118 153.3	
				黄土质栗钙土性土	355 504.4	沙黄栗性土	172 437.8	
						黄栗性土	183 066.6	
		栗钙土	65 542.5	黄土状栗钙土	65 542.5	沙浅钙积栗土	5 720.3	
						底白干栗土	59 822.2	
		草甸栗钙土	22 215.1	黄土状草甸栗钙土	22 215.1	二合潮栗土	22 215.1	

（续）

土　类		亚　类		土　属		土　种		分　布
名称	面积	名称	面积	名称	面积	名称	面积	
潮土	173 790.0	潮土	30 907.4	冲积潮土	3 830.4	河潮土	3 122.3	主要分布在淤泥、饮马河两岸已集结地、高河漫滩上和一级阶地、二级阶地较低洼处或交接洼地
						河沙潮土	708.1	
				洪冲积潮土	27 077.0	夹白干洪潮土	13 120.4	
						二合洪潮土	13 956.6	
		盐化潮土	140 210.9	氯化物盐化潮土	500.8	沙中盐潮土	500.8	
				硫酸盐盐化潮土	1 499.5	底白干重白盐潮土	1 499.5	
				苏打盐化潮土	138 210.6	耕轻苏打盐潮土	93 042.4	
						耕中苏打盐潮土	22 205.7	
						耕重苏打盐潮土	22 962.5	
		碱化潮土	2 671.6	碱化潮土	2 671.6	中碱潮土	2 671.6	
盐土	12 113.8	碱化盐土	12 113.8	硫酸盐氯化物碱化盐土	7 799.6	灰碱化盐土	7 799.6	分布在破鲁堡、东黄口、碱滩等村的河漫滩和一级阶地
				氯化物碱化盐土	4 314.2	黑油碱化盐土	4 314.2	
石质土	117 145.4	中性石质土	114 220.7	麻沙质中性石质土	103 688.2	麻石砾土	103 688.2	分布在花园屯、堡子湾、西村、上深涧境内的岩质山地上
				沙泥质中性石质土	10 532.5	沙石砾土	10 532.5	
		钙质石质土	2 924.7	钙质石质土	2 924.7	灰石砾土	2 924.7	
粗骨土	20 282.2	中性粗骨土	20 282.2	麻沙质中性粗骨土	11 128.7	耕麻渣土	11 128.7	分布在花园屯、堡子湾、西村等乡（镇）的石质山地上和石质丘陵地带
				沙泥质中性粗骨土	9 153.5	耕沙渣土	9 153.5	
风沙土	12 074.2	草原风沙土	12 074.2	固定草原风沙土	12 074.2	漫沙土	3 160.5	分布于新荣区堡子湾境内的长城沿线
						耕漫沙土	8 913.7	
合计	1 509 399.9		1 509 399.9		1 509 399.9		1 509 399.9	

二、土壤类型特征及主要生产性能

（一）山地草甸土

山地草甸土是新荣区土壤垂直带最上部的土壤，面积为 26 526.5 亩，约占全区总土地面积的 1.76%。分布在本区花园屯乡境内的采凉山上部，该土壤是在海拔 1 500 米以上发生中切割中山地带的温带半干旱草原气候条件下形成的。植被生长茂盛，覆盖度为 60%～70%，土壤侵蚀较重，土层较薄，有效土层厚度为 0～20 厘米，成土过程的特点是冷、湿。年降水量为 500 毫米左右，气温年较差和日较差均很大。土壤有明显的季节冻融，每年在 10 月上旬开始冻结，翌年 6 月开始解冻。年冻土期在 250 天以上，年内 ≥10℃ 的积温在 1 700℃ 以下，年平均气温在 0℃ 以下，相对湿度 70%～80%，土壤的物理风化大于化学风化，故土壤质地较粗。物理黏粒含量多在 13%～20%，以沙壤为主。植被以草灌植被为主，主要植被有一些短期草本植物，针茅、蒿类和一些多年生灌木如醋柳。此外，还有一些零星白桦、山杏、乔木，近年来有人工营造的落叶松幼林。在植被较好，气候冷凉、湿润的情况下，有机物质生长量较大，分解缓慢，十分有利于有机质的积累，有较强的腐化过程。土壤有机质含量可达 30 克/千克以上，C/N 较高。由于有机质含量较高，使土壤颜色变深，成为浅灰色。成土母质以石灰岩的残积风化物为主。成土过程由于在冷凉、湿润条件下，土壤淋溶作用较强，大部分碳酸钙被淋失，土壤呈微酸性或中性，pH 在 7 以下。由于土壤有机质含量丰富，增加了土壤的有机胶体含量，虽然土壤质地较粗，但土壤结构较好，多为团粒状结构。同时也增加了土壤的代换性能，阳离子代换量较高，一般为 15～25me/百克土。湿润的气候条件、丰富的有机质，有利于土壤真菌类微生物的发展，土壤剖面中出现较多的白色真菌丝体。出现部位阳坡低，多在腐殖层以下；而阴坡出现部位较高，往往在表层。该土类在全区分布范围较小，地理环境和自然条件单一。依其母质类型，仅划分为 1 个山地草原草甸土亚类，一个麻沙质山地草原草甸土土属，2 个土种，均为荒地。典型剖面采自花园屯乡道士窑采凉山上部、海拔 1 810 米处，理化性状见表 4 - 2。

表 4 - 2　麻沙质山地草原草甸土典型剖面理化性状

层次	深度（厘米）	质地	机械组成（%）		有机质（克/千克）	全氮（克/千克）	全磷（克/千克）	pH	碳酸钙（克/千克）	代换量（me/百克土）
			<0.01毫米	<0.001毫米						
1	0～20	轻壤	24.68	18.68	65.97	3.59	7.30	7.90	56.50	25.10
2	20～45	中壤	32.48	11.08	59.90	3.30	7.60	8.0	665	25.50

（二）栗钙土

栗钙土土类为新荣区主要地带性土壤，发生在海拔 1 000～1 700 米，广泛分布在新荣区各个乡（镇）的低山、丘陵和平原。总面积为 1 147 467.8 亩，占全区总面积的 76.02%，是农林牧各业生产的主要用地。

栗钙土属于干旱草原土壤类型，年平均气温 2～5℃，年降水量为 350 毫米左右，湿润度 0.3～0.5。成土母质为残积物、冲积物、洪积物及黄土状、黄土母质，自然植被为干草原，其植被组成主要是禾本科草类；在向干旱地区过渡时，蒿属和半灌木等比重增加，而植被覆盖度降低。该区降水量少，蒸发强烈，气候干燥，气温年变幅与日变幅均较大。土壤在形成过程中，物理风化强烈，化学风化较弱，加之受内蒙古地区的风沙影响，土壤质地粗糙，以沙壤至轻壤为主。除河湖母质上形成的土壤外很少有中壤以上质地。栗钙土土粒含量较低，通体小于 0.01 毫米，表土层物理黏粒为 10%～20%，心土层与底土层含量略高在 20%～40%。在干旱草原的影响下，栗钙土的物理性状还表现出结构差、土壤颜色较浅的特点。其形成的原因主要是由于在干旱草原气候的条件下，自然植被生长矮小、覆盖度低、土壤有机质分解快而彻底，加之质地粗糙，故土壤有机、无机复合胶体含量低所致。由于质地粗糙，从而使栗钙土的其他物理性状也相应地发生变化。主要表现有土壤容重大，多在 1.3～1.5 克/立方厘米，土壤热容量小，吸热快，放热也快，对农作物的生长表现为发小苗，而不发老苗。

典型栗钙土分布在平川区，少数分布黄土丘陵上，母质为第四纪黄土经搬运沉积的黄土状物质或洪冲积母质。栗钙土区虽然气候干旱，降雨较少，但在盆地河流两岸，地表水和地下水相对丰富，有较多的水分补给，加上人口密集，施肥较多，耕作精细等原因，农业生产水平相对较高。主要种植的作物有玉米、谷子、马铃薯、蔬菜等，草本植被有青蒿、蓝刺头、狼毒、甘草、达乌里胡枝子、百里香、针茅、蒺藜、芨芨草等，灌木有沙棘、枸杞等，乔木有杨、榆、槟果、苹果等。

主要成土过程：栗钙土属于草原气候类型的土壤，主要成土过程是钙积过程和腐殖化过程。

一是腐殖化过程。栗钙土区降水较少，干旱比较严重，植物的生长量较少，所以植物每年供给的有机质数量亦少。这些有机植物残体在夏季高温和好气性微生物活动强烈的条件下，有机质矿化分解较强，所以有机质腐殖质化积累不高。在没有其他水源补给的条件下，有机质含量一般在 10 克/千克以下。

二是碳酸钙的淋溶淀积作用。在年降水量较少的半干旱气候条件下，土壤淋溶作用较弱，但在雨季有季节性的淋溶，土体中易溶性盐类易淋失，Ca^{2+}、Mg^{2+} 等金属盐类淋失较少，并成为土壤胶体、土壤溶液和地下水中的主要离子。土壤上层中的钙和植物残体分解的 Ca^{2+} 在 6～9 月雨季时，则以重碳酸钙的形式随水下移，$Ca^{2+} + HCO_3^- + OH^- \rightarrow CaCO_3 \downarrow + H_2O$，并以 $CaCO_3$ 的形式淀积于土体中，形成栗钙土的钙积诊断层。钙积层一般出现在 30～100 厘米处，厚 20～40 厘米，形态为菌丝状、粉状、斑块状等，出现层状的白干土层时，主要是受地质作用的产物。$CaCO_3$ 表层含量 10% 左右，钙积层含量 20%～30%，最多可达 40%，较表层高 50%～200%。$CaCO_3$ 含量较高时，极大的影响作物根系的发育，为大同盆地土壤主要障碍层次——白干土层。

三是形态特征及理化性状。栗钙土的主要成土过程是钙积过程，钙积层为栗钙土的主要诊断层次，一般在心土或底土有明显的钙积层。土壤发育明显，层次分明，表层为灰棕色或棕灰色；钙积层为灰白色，斑状、层状或核状，$CaCO_3$ 较表层高 50%～100%，黏粒移动不明显；通体石灰反应强烈；耕层屑粒状其下为块状结构，土壤养分状况较好，有机质含量 8～11 克/千克，全氮含量 0.5～0.7 克/千克，有效磷含量 4.0～6.0 毫克/千克，速效钾 70～115 毫克/千克。

根据成土过程与附加过程不同，栗钙土划分栗钙土性土、栗钙土和草甸栗钙土 3 个亚类。

1. 栗钙土性土 该亚类面积为 1 059 710 亩，占新荣区总面积的 70.21%，占本土类面积的 93.89%。主要分布在新荣区的中低山、丘陵、洪积扇上，海拔为 1 100～1 500 米。

（1）栗钙土性土的形成与性状：栗钙土性土是一类幼年土壤，由于所处地形地位、地质条件、母质情况、生物气候及农业利用诸因素的作用，所以在形成和性状方面都比较复杂。

①地形地貌对栗钙土性土的形成与性状的影响。该亚类属于高原残丘和洪积扇地带的土壤，地面坡度多为 8°～25°，地面起伏较大，沟壑纵横，水蚀、风蚀均很严重，水土流失多为 1 000～3 000 吨/年。在常年侵蚀的情况下，土壤发育很差，土层过渡极不明显，甚至母质裸露地表，使土壤具有显著的母质特征。首先表现在土体养分含量，表土层与心土层及底土层相近；其次是没有明显的腐殖质层。土壤剖面中有机质含量除耕作层中的含量略高 4～11 克/千克外，越往下层含量越低，仅为 2～5 克/千克；全氮、全磷在剖面中通体变化不大，上下均一致。高原残丘的栗钙土性土在长期的严重侵蚀下，第四纪黄土被剥蚀，白垩纪和侏罗纪地层成片出露，使紫色、白色砂岩、灰白色泥岩、灰蓝色泥岩、紫色泥岩风化的黏土裸露地表，五颜六色，俗称"花脸地"。由于长期地剥蚀，表层较细的颗粒不断被水和风搬运，粗粒和沙砾残留地表，故这种土壤质地多为沙壤或砾石的沙壤土。

②气候与植被对栗钙土性土的形成与主要影响。该亚类土海拔较高，日平均气温较平川相对低，为 2～4℃，年降水量比平川略高 10 毫米左右，但多季节性暴雨，仍属于草原气候带。地面植被稀疏，主要群丛，多短本植物，如狗尾草、羊胡草和一些根茎类和短草类半灌木。由于这些植物在干旱气候下植株矮小、稀疏，枝叶和残落物有限，返回土壤的有机质极少，加之土壤疏松，好气性微生物活动旺盛，有机质的矿质化过程较强，故土壤有机质累积少，因此，土壤颜色多与母质颜色相近。

③母质对栗钙土性土的形成与性状的影响。该亚类所处的地带由于侵蚀作用强，不同地质时代的沉积物出露，所以母质类型多。有马兰黄土，离石黄土，白垩纪、侏罗纪的残积物、湖相沉积物和洪积物，故该亚类土壤理化性状变化很大。pH 均在 8 左右，土体较干旱，黏化不明显，有的土体通体无石砾，而有的通体中石砾较多，沙土中难见碳酸钙的淀积层，但在离石黄土母质上的土壤，可见粉状、斑状、块状的碳酸钙的淀积物。

（2）成土条件及成土过程：栗钙土性土的生物气候条件同栗钙土类，地形大多为黄土丘陵和低山，母质为第四纪黄土或黄土状物质，地形起伏大，沟多且深，支离破碎，水土流失严重，土壤侵蚀速度大于土壤形成速度，成土过程不能连续稳定进行，相对成土年龄较短，一般不形成明显的 $CaCO_3$ 淀积层；而分布在洪积扇和高阶地的土壤，母质为近代河流沉积物，绝对成土年龄较短，$CaCO_3$ 在剖面中无明显的差异，通体强石灰反应，也归入栗钙土性土；栗钙土性土更表现了明显的土壤母质的特性。

（3）形态特征及理化性状：栗钙土性土由于侵蚀干旱的原因，土壤理化性状都较差，碎块状结构或屑粒状结构，熟化土层较薄，一般 15～20 厘米，耕作熟化较差；速效养分低，有机质 11～12.5 克/千克，有效磷 2.5～7.5 毫克/千克，速效钾 44～105 毫克/千克较丰富，全磷 0.045%～0.055%，全钾 1.70%～1.80%。保肥性能较差，阳离子代换量 5～10me/百克土，容重 1.2～1.4 克/立方厘米。通体强石灰反应，$CaCO_3$ 含量 6%～15%，剖面上下分异不明显，心土、底土有丝状、点状的 $CaCO_3$ 新生体。

（4）改良利用：栗钙土性土的改良利用应以造林发展牧草为中心，农林牧相结合。沟底、沟边以造林为主，减少径流，减少沟底继续切割侵蚀；沟坡、梁地以种植牧草为主，增加植被覆盖度，保持水土，增加土壤有机质的含量，改善土壤理化性状，促进土壤熟化，提高土壤肥力；在坡度小、平缓处、肥力较高的地块，发展粮食生产。

①有灌溉条件的地区，应发展引洪灌溉，淤积肥土，改良土壤，提高地力。

②种植绿肥，增加土壤有机质含量，实行粮草轮作，或间作混种，逐步提高土壤有机质含量，增加团粒结构，以利提高地力。

③改变不良的施肥习惯，建立有机和无机相结合，氮磷钾合理配比的施肥制度。

④改广种薄收的粗放耕作为精耕细作，建立基本粮田，瘠薄土壤改种牧草，发展畜牧业，以牧促农，建立良好合理的生态系统。

（5）土属划分：根据栗钙土性土成土母质的不同，划分为黄土质、红黄土、洪积、沙泥质栗钙土性土4个土属。叙述如下：

①红黄土栗钙土性土。该土属广泛分布于新荣、郭家窑、西村、上深涧、堡子湾、破鲁堡等乡（镇），海拔在1 150米以上的山地（低山区）和丘陵上，面积为371 314.2亩，占该亚类土面积的35.04%，占全区总土地面积的24.6%。成土母质为红黄土，植被为披碱草、白草、蒿属。地形坡度较缓，轻度侵蚀，质地较重，通体中壤，土体结实，碳酸钙含量高移动不明显，黏粒移动明显。土壤有机质平均含量12.53克/千克，有效磷平均含量6.01毫克/千克，有效钾平均含量77.78毫克/千克。该土属划分为2个土种：沙红栗性土和红栗性土。典型剖面采自上深涧乡上深涧村、海拔1 361米洼地处，理化性状见表4-3，耕地土壤养分含量统计见表4-4。

表4-3 红黄土栗钙土性土典型剖面理化性状

层次	深度（厘米）	质地	机械组成（%）<01毫米	机械组成（%）<0.001毫米	有机质（克/千克）	全氮（克/千克）	全磷（克/千克）	pH	碳酸钙（克/千克）	代换量（me/百克土）
1	0～20	中壤	30.28	13.08	8.31	0.55	0.50	8.4	78.30	8.2
2	20～38	中壤	32.58	16.18	7.02	0.49	0.46	8.4	81.53	9.0
3	38～80	中壤	40.68	18.08	0.90	0.40	0.43	8.3	146	9.4
4	80～120	中壤	41.08	21.08	0.73	0.51	0.47	8.3	140	10.1
5	120～150	中壤	40.08	21.48	0.51	0.32	0.47	8.3	123	10.2

表4-4 红黄土栗钙土性土属耕地土壤养分统计表

项目	有机质（克/千克）	全氮（克/千克）	有效磷（毫克/千克）	速效钾（毫克/千克）	缓效钾（毫克/千克）	pH	有效硫（毫克/千克）	有效铁（毫克/千克）	有效锰（毫克/千克）	有效铜（毫克/千克）	有效锌（毫克/千克）	有效硼（毫克/千克）
最大值	28.05	0.87	23.76	227.13	720.58	8.39	75.00	7.00	11.00	1.04	1.43	0.96
最小值	7.23	0.47	2.52	49.99	384.20	7.96	21.08	2.24	4.23	0.42	0.38	0.01
平均值	12.53	0.67	6.01	77.78	535.19	8.21	27.44	3.87	6.64	0.71	0.77	0.48

注：表4-3、表4-4中统计结果依据2009—2011年测土配方施肥项目土样化验结果。

②沙泥质栗钙土性土。该土属居于高原残丘的顶部，分布于新荣、郭家窑、西村、上深涧、堡子湾、破鲁堡等乡（镇），海拔在1 200米以上的山地（低山区）和丘陵上，面

积为94 123.3亩，占该亚类面积的 8.89％，占全区总土地面积的 6.24％。成土母质为多种母质混合，植被为披碱草、白草、蒿属。水蚀、风蚀强烈，土壤发育差，没有明显的腐殖质层。土壤质地有沙、有壤、有黏，有时还有沙砾层，土壤五颜六色，碳酸钙含量不规律，土壤养分含量低，土壤有机质平均含量 12.09 克/千克，有效磷平均含量 7.14 毫克/千克，速效钾平均含量 81.6 毫克/千克。该土属划分为 2 个土种：粗沙泥质栗性土和沙泥质栗性土。典型剖面采自堡子湾乡胡家窑村、海拔 1 240 米洼地，理化性状见表 4-5，耕地土壤养分含量统计见表 4-6。

表 4-5　沙泥质栗钙土性土典型剖面理化性状

| 层次 | 深度（厘米） | 质地 | 机械组成（％） | | 有机质（克/千克） | 全氮（克/千克） | 全磷（克/千克） | pH | 碳酸钙（克/千克） | 代换量（me/百克土） |
			<0.01毫米	<0.001毫米						
1	0～20	沙壤	30.28	13.08	7.50	0.23	0.48	8.2	72.30	6.7
2	20～40	沙壤	32.58	16.18	4.50	0.26	0.40	8.1	80.53	7.3
3	40～150	轻壤	40.68	18.08	2.2	0.12	0.39	8.3	132.00	5.9

表 4-6　沙泥质栗钙土性土属耕地土壤养分统计

项目	有机质（克/千克）	全氮（克/千克）	有效磷（毫克/千克）	速效钾（毫克/千克）	缓效钾（毫克/千克）	pH	有效硫（毫克/千克）	有效铁（毫克/千克）	有效锰（毫克/千克）	有效铜（毫克/千克）	有效锌（毫克/千克）	有效硼（毫克/千克）
最大值	26.70	0.79	11.43	143.46	700.65	8.43	33.40	5.67	10.33	0.93	1.51	1.04
最小值	7.98	0.46	3.07	54.26	467.20	8.12	21.94	2.67	4.76	0.48	0.43	0.36
平均值	12.99	0.66	7.14	81.59	552.89	8.29	26.60	3.72	6.88	0.71	0.86	0.57

注：表 4-5、表 4-6 中统计结果依据 2009—2011 年测土配方施肥项目土样化验结果。

③洪积栗钙土性土。该土属位于洪积扇地带，海拔 1 000～1 500 米，花园屯乡、破鲁堡乡有分布。面积为 238 768.3 亩，占该亚类面积 22.53％，占全区总土地面积的 15.82％。母质为洪积母质，土壤形成年龄短，发育差，土质过渡不明显，分选差，土壤砾石，养分含量随地形变化大。土壤有机质平均含量 12.33 克/千克，有效磷平均含量 4.21 毫克/千克，速效钾平均含量 75.36 毫克/千克。该土属划分为 2 个土种：耕洪栗性土和洪栗性土。典型剖面采自花园屯乡马庄村、海拔 1 240 米洼地，理化性状见表 4-7，耕地土壤养分含量统计见表 4-8。

表 4-7　洪积栗钙土性土典型剖面理化性状

| 层次 | 深度（厘米） | 质地 | 机械组成（％） | | 有机质（克/千克） | 全氮（克/千克） | 全磷（克/千克） | pH | 碳酸钙（克/千克） | 代换量（me/百克土） |
			<0.01毫米	<0.001毫米						
1	0～20	沙壤	30.28	13.08	10.2	0.50	0.45	8.12	72.30	8.81
2	20～40	沙壤	32.58	16.18	3.5	0.30	0.41	8.30	80.53	7.46
3	40～150	轻壤	40.68	18.08	5.1	0.31	0.25	8.31	132.00	9.43
4	80～120	中壤	41.08	21.08	4.0	0.26	0.28	8.21	140.00	9.38
5	120～150	中壤	40.08	21.48	4.70	0.28	0.15	8.41	123.00	9.43

表 4 - 8　洪积栗钙土性土属耕地土壤养分统计

项目	有机质（克/千克）	全氮（克/千克）	有效磷（毫克/千克）	速效钾（毫克/千克）	缓效钾（毫克/千克）	pH	有效硫（毫克/千克）	有效铁（毫克/千克）	有效锰（毫克/千克）	有效铜（毫克/千克）	有效锌（毫克/千克）	有效硼（毫克/千克）
最大值	17.67	0.89	13.43	130.40	800.30	8.43	38.38	9.66	9.67	0.97	1.77	0.77
最小值	7.48	0.49	1.70	44.83	417.40	7.89	21.94	2.41	3.43	0.48	0.41	0.01
平均值	12.33	0.68	4.21	75.36	524.71	8.11	26.79	3.88	6.14	0.66	0.78	0.26

注：表4-7、表4-8中统计结果依据2009—2011年测土配方施肥项目土样化验结果。

④黄土质栗钙土性土。发生在山麓长梁、高原残丘，新荣区7个乡（镇）均有分布。面积为355 504.4亩，占该亚类面积的33.54%，占全区总土地面积的23.55%。母质为马兰黄土母质，土壤侵蚀严重，土壤发育差，土体结构为柱状，通体质地均匀。土壤有机质平均含量12.74克/千克左右，有效磷平均含量6.03毫克/千克，速效钾平均含量78.91毫克/千克。该土属划分为2个土种：沙黄栗性土和黄栗性土。典型剖面采自上深涧乡后所沟村、海拔1 240米洼地，理化性状见表4-9，耕地土壤养分含量统计见表4-10。

表 4 - 9　黄土质栗钙土性土典型剖面理化性状

层次	深度（厘米）	质地	机械组成（%）<01毫米	机械组成（%）<0.001毫米	有机质（克/千克）	全氮（克/千克）	全磷（克/千克）	pH	碳酸钙（克/千克）	代换量（me/百克土）
1	0～20	沙壤	30.28	13.08	5.9	0.50	0.48	8.04	72.30	—
2	20～40	沙壤	32.58	16.18	4.8	0.30	0.37	8.06	80.53	—
3	40～150	轻壤	40.68	18.08	4.0	0.31	0.36	8.15	132.00	—
4	80～120	中壤	41.08	21.08	3.8	0.26	0.31	8.21	140.00	—
5	120～150	中壤	40.08	21.48	3.0	0.28	0.31	8.28	123.00	—

表 4 - 10　黄土质栗钙土性土属耕地土壤养分统计

项目	有机质（克/千克）	全氮（克/千克）	有效磷（毫克/千克）	速效钾（毫克/千克）	缓效钾（毫克/千克）	pH	有效硫（毫克/千克）	有效铁（毫克/千克）	有效锰（毫克/千克）	有效铜（毫克/千克）	有效锌（毫克/千克）	有效硼（毫克/千克）
最大值	25.34	0.84	14.43	167.33	780.37	8.43	63.38	7.33	11.00	0.97	2.13	1.04
最小值	7.98	0.53	2.52	47.93	340.14	7.92	21.08	2.41	3.70	0.44	0.43	0.01
平均值	12.74	0.66	6.03	78.91	550.75	8.21	27.54	4.15	6.77	0.73	0.81	0.53

注：表4-9、表4-10中统计结果依据2009—2011年测土配方施肥项目土样化验结果。

2. 栗钙土　该亚类面积为65 542.5亩，占新荣区面积的4.34%，占本土类面积的5.81%。为栗钙土的典型亚类，成土条件和成土过程与土类相同。

该亚类土壤养分含量较低，有机质7～13克/千克，全氮0.45～0.90克/千克，有效磷3～9毫克/千克，速效钾87～100毫克/千克，阳离子交换量6～13me/百克土。栗钙土亚类剖面亚表层或心土、底土层有一层白干土层，$CaCO_3$含量达20%～40%，质地较黏重，pH在8.5以上，为该区农业土壤的主要障碍层次。根系难以下扎，作物吸收土壤养分困难，平均亩产只有100～200千克，甚至更低；而无白干土层或白干土层较深的土壤，平均亩产达 250～500 千克，为较好的农业土壤，仅次于大同盆地的潮土。

（1）栗钙土主要性状：

①表层。栗色或褐色，沙壤或轻壤，屑或碎块状结构，有机质 9.9 克/千克，全氮 0.56 克/千克，全钾 18.5 克/千克，速效钾 93.5 毫克/千克，全磷 0.6 克/千克，有效磷 5.65 毫克/千克。

②心土层。白干土层为灰白色，块状结构，土体紧实，层状碳酸钙淀积，CaCO₃ 含量 20%～35%，有机质 6.5 克/千克，全氮 0.56 克/千克，全钾 18.55 克/千克，速效钾 93.5 毫克/千克，全磷 0.37 克/千克，有效磷 2.4 毫克/千克。

（2）栗钙土的改良利用：没有白干土层或白干土层较深（50 厘米以下）的土壤，作为高产稳产农田培养，大量施用有机肥、化肥。提高土壤肥力；50 厘米以上出现白干土层，一般不宜作为农业生产利用，应作为牧地、林地，种草植树，吸收深层的土壤养分，并以其强大的根系改良白干土层；洪淤增加表土进行改良作用。

该亚类根据成土母质的不同，应分为杂色泥岩、黄土质、黄土状、洪积栗钙土 4 个土属，但新荣区只有 1 个黄土状栗钙土土属。

（3）黄土状栗钙土：该土属面积 65 542.5 亩，占全区面积的 4.34%，占本土类面积的 5.81%。分布在花园屯乡的二级阶地和丘陵区，海拔 1 000～1 345 米。轻度侵蚀，母质为黄土状母质。

该土属地处二级阶地和丘陵区，地形平坦，土层深厚，湿润温暖，通透性和供肥性良好；表层多为轻壤，屑粒状结构，疏松多孔。心土、底土紧实，质地偏重，中壤-重壤，块状结构，孔隙少。

钙积比较明显，表层 CaCO₃ 含量 6%～13%；心土层为早期地质作用形成的白干土层，CaCO₃ 含量 22%～29%，较表层高 2～3.5 倍；没有白干土层的钙积层，CaCO₃ 形态为斑状、核状。通体石灰反应强烈，黏粒移动比较明显，＜0.001 毫米的黏粒含量心土层较表层高 60%～100%

土壤养分状况，根据对 136 个农化样加权统计，有机质 5～13 克/千克，平均值 11.83 克/千克；全氮 0.30～0.87 克/千克，平均值 0.67 克/千克；有效磷 2.0～10.0 毫克/千克，平均值 4.55 毫克/千克；速效钾 40～200 毫克/千克，平均值 74.70 毫克/千克。

黄土状栗钙土典型剖面采自花园屯乡前井村的二级阶地上，海拔 1 040 米；黄土状母质，地下水位 7 米，主要植被为蒿草、芦苇等。该土属划分为 2 个土种，沙浅钙积栗土和底白干栗土。理化性状见表 4-11，耕地土壤养分含量统计见表 4-12。

表 4-11 黄土状栗钙土土典型剖面理化性状

层次	深度（厘米）	质地	机械组成（%）		有机质（克/千克）	全氮（克/千克）	全磷（克/千克）	pH	碳酸钙（克/千克）	代换量（me/百克土）
			＜0.01 毫米	＜0.001 毫米						
1	0～20	沙壤	30.28	13.08	9.2	0.67	0.30	8.10	72.30	8.05
2	20～40	沙壤	32.58	16.18	7.7	0.28	0.28	8.10	80.53	13.35
3	40～150	轻壤	40.68	18.08	3.5	0.24	0.30	8.15	132.00	23.00
4	80～120	中壤	41.08	21.08	2.3	0.26	0.20	8.22	140.00	11.00
5	120～150	中壤	40.08	21.48	0.1	0.25	0.22	8.28	123.00	17.00

表4-12　黄土状栗钙土耕地土壤养分统计

项目	有机质（克/千克）	全氮（克/千克）	有效磷（毫克/千克）	速效钾（毫克/千克）	缓效钾（毫克/千克）	pH	有效硫（毫克/千克）	有效铁（毫克/千克）	有效锰（毫克/千克）	有效铜（毫克/千克）	有效锌（毫克/千克）	有效硼（毫克/千克）
最大值	18.34	0.81	11.43	133.66	860.09	8.32	31.74	5.34	8.34	0.87	1.96	0.67
最小值	7.98	0.55	2.25	57.53	417.40	7.96	21.94	2.67	3.96	0.48	0.41	0.01
平均值	11.83	0.67	4.55	74.70	538.33	8.13	27.09	3.92	6.50	0.69	0.82	0.31

注：表4-11、表4-12中统计结果依据2009—2011年测土配方施肥项目土样化验结果。

（4）黄土状栗钙土的改良：该土属分布地面平坦，土层深厚，白干土层埋深在50厘米以上的占到20.2%。白干土层$CaCO_3$含量高达20%～35%，质地中壤-重壤，块状结构，紧实，少孔隙，作物根系下扎困难，土壤肥力很低，亩产50～100千克。该土壤的利用应以种草为主，植树需挖较大深的坑，打破白干土层，回填表层肥土，树木才能长好。树间种植根系发达的牧草，如小冠花、沙打旺等。以生物根系逐渐改变白干土层的不良性质，白干土层埋深在80厘米以下的黄土状栗钙土，土壤肥力一般较高，亩产150～300千克。可发展粮食生产，建设高产农田，增施有机肥，培肥土壤。

3. 草甸栗钙土　该亚类总面积22 215.1亩，占全区总土壤面积的1.47%，占栗钙土土类的1.94%。草甸栗钙土分布在栗钙土区地势稍低、地面平坦、地下水位较高的地段，地下水位3～5米，为栗钙土向草甸土过渡类型。草甸栗钙土除表层、亚表层进行腐殖化过程和钙积过程外，底土层受地下水位影响又附加了潮化过程。雨季由于降水量增多，地下水位提高，土壤受地下水影响较大，底土含水量增加，造成水饱和甚至淹水；土壤中通气状况不良，氧气缺乏，铁锰等元素被还原，形成低价铁锰的盐类。雨季过后，地下水位下降，土壤中含水量下降，通气状况改善，氧气充足，氧化还原电位增高，铁锰被氧化成高价铁锰。如此循环进行，土体含有留下氧化还原痕迹的锈纹锈斑。

草甸栗钙土地势平坦，土壤水分条件和理化性状都较好。屑粒状、块状结构，表面疏松多孔，心土层或底土层有红棕色或锈黄色的锈纹锈斑，土体中的$CaCO_3$含量不明显。主要是由于形成土壤的时间较短所致。

（1）草甸栗钙土的改良作用：该亚类土壤地下水位较高，水分条件较好。应作为主要农业土壤进行培肥，大搞农田基本建设，平整土地，发展井灌和河灌，节约用水，扩大灌溉面积，保证作物水分供应，建设高产稳产农田。

草甸栗钙土亚类依母质不同只划分黄土状草甸栗钙土1个土属。

（2）黄土状草甸栗钙土：该土属总面积22 215.1亩，占全区总土壤面积的1.47%，占栗钙土土类的1.94%。分布在花园屯、新荣的二级阶地上，海拔1 000～1 500米，黄土状母质，地下水位2.5～6米，轻度风蚀，生长植被有白茅、披碱草、狗尾草等，主要作物为玉米、谷子等，清洪水灌溉，亩施农家肥1 500～6 000千克，亩施化肥20～40千克，亩产100～200千克。近年来推广地膜玉米，亩产可达500千克以上。

该土属主要理化性状如下：地形平整，土体构型复杂，夹白干土层占34.5%，夹黏土蒙金型占 56.5%。表层以壤质为主，疏松多孔，土质柔和，屑粒状结构，黄褐-灰褐色，心土层土体紧实，块状、梭块状结构，淡黄或深黄色，有锈纹锈斑出现。碳酸钙和黏粒移动明显，钙积层多在 45～85 厘米，表层碳酸钙含量平均 8%～10%，心土层较表层高 20%～50%，黏化率 20%～80%，通体石灰反应强烈。土壤养分状况较好，有机质 7.98～18.34 克/千克，平均值 11.83%；全氮 0.55～0.81 克/千克，平均值 0.67%克/千克；有效磷 2.25～11.43 毫克/千克，平均值 4.55 毫克/千克；速效钾 57～133.66 毫克/千克，平均值 74.70 毫克/千克。

黄土状草甸栗钙土的性状与黄土相似，唯地下水位较高，有一定的地下水补给，水分条件稍好；50%左右的剖面构型好，为上轻下黏的"蒙金型"，应作为农业生产基地。增施有机肥，科学施用化肥，不断提高土壤肥力，发展地膜玉米生产，对有浅位白干土的黄土状潮栗钙土，可进行洪灌加厚耕层，变浅位为深位白干土层；没有洪灌条件的进行草田轮作，农牧结合加以利用。

（三）潮土

潮土是新荣区较大的隐域性土壤，面积为 173 790.0 亩，占全区总面积的 11.51%。主要分布在淤泥河、饮马河两岸已集结地，高河漫滩上、一级阶地和二级阶地较低洼处或交接洼地。成土条件主要是地下水埋藏浅，受年际间降水不均的影响，夏季多雨季节，河流两岸地下水位升高，土壤底土层或心土层处于水分饱和之中。由于土壤毛灌水上渗，土体多种通气孔被水占据，通气状况不良，土壤处于嫌气状态之下，氧化还原点位降低，土壤中铁、锰等离子还原成低价铁、锰离子。由于水中发生移动，秋冬季节地下水位降低，土壤通气状况改善，铁、锰离子氧化成高价离子而淀积。地下水频繁升降，氧化还原交替进行，土体中铁、锰离子附着在土壤胶体表面，形成锈纹锈斑，发生草甸化过程；春秋季节，蒸发远远大于降水，地下水中盐分随地下水蒸发留余地表，形成盐化潮土；潮土一般生长喜湿的草甸植被，根系发达，生长量大，根深叶茂。土体嫌气状态下，有利于有机质的积累，所以，土壤的腐殖化过程相对较强。加上施肥较多，有机质一般较高；但是，盐碱危害严重的地块，植物难以很好的生长，有机质的含量较低。该土类有潮土、盐化潮土和碱化潮土 3 个亚类，氯化物盐化潮土、硫酸盐盐化潮土、苏打盐化潮土、冲积潮土、洪冲积潮土和碱化潮土 6 个土属。

成土母质均为近代河流中的冲积物，质地差异较大，沉积物质错综复杂，土体构型种类繁多，沉积层理明显，土壤发生层次不太明显。根据潮土草甸化过程进行阶段的不同和附加盐渍化过程，该土类划分为 3 个亚类。草甸化过程正在进行，划分为潮土；进行草甸化过程的同时，附加了盐渍化过程，划分为盐化潮土；盐化过程中发生了碱化过程，划分为碱化潮土。

1. 潮土 该亚类土壤分布在破鲁堡、堡子湾、郭家窑等村的一级阶地、二级阶地及洪积扇下缘，面积为 30 907.5 亩，占总土地面积的 2.05%，占本土类面积的 17.78%。潮土为本土类之典型亚类，在成土过程中主要受地下水影响，地下水在 1.5～2.5 米，潜水流动为畅通，地下水质较好，在季节性干旱和降水的影响下，地下水位上下移动，发生氧化还原过程-草甸化过程，因而土体中锈纹锈斑明显。新荣区潮土亚类有洪冲积潮土和冲积潮土2个土属，河潮土、河沙潮土、夹白干洪潮土、二合洪潮土4个土种。成土母质为河流洪积物和冲积物，土体水分含量高，形成周期性积水。水质淡，矿化度较低，一般为0.5～1.0克/升。土层深厚，层次明显，理化性状良好。典型剖面采自破鲁堡乡八墩村东滩地、海拔1020米，冲积潮土耕层土壤养分统计见表4-13，冲积潮土典型剖面理化性状见表4-14。

表4-13 冲积潮土耕地土壤养分统计

项目	有机质（克/千克）	全氮（克/千克）	有效磷（毫克/千克）	速效钾（毫克/千克）	缓效钾（毫克/千克）	pH	有效硫（毫克/千克）	有效铁（毫克/千克）	有效锰（毫克/千克）	有效铜（毫克/千克）	有效锌（毫克/千克）	有效硼（毫克/千克）
最大值	11.34	0.65	8.43	73.86	620.93	8.32	30.08	6.67	11.67	0.85	0.96	0.64
最小值	10.00	0.56	3.07	64.06	467.20	7.96	25.00	2.41	5.67	0.48	0.41	0.44
平均值	10.76	0.60	3.92	68.96	540.10	8.08	26.95	3.55	6.92	0.59	0.55	0.54

表4-14 冲积潮土典型剖面理化性状

层次	深度（厘米）	质地	机械组成（%）<0.01毫米	机械组成（%）<0.001毫米	有机质（克/千克）	全氮（克/千克）	全磷（克/千克）	pH	碳酸钙（克/千克）	代换量（me/百克土）
1	0～20	中壤	33.68	14.28	16.3	1.23	1.01	8.15	20.08	15.76
2	20～40	中壤	38.88	16.88	12.4	0.83	0.87	8.35	21.04	13.68
3	40～60	中壤	42.28	18.88	10.3	0.53	0.72	8.29	24.46	8.94
4	60～80	中壤	44.28	27.68	11.4	0.70	0.48	8.42	1.5	7.45
5	80～100	中壤	39.28	22.88	9.4	0.51	0.48	8.48	2.8	8.23

注：表4-13、表4-14中统计结果依据2009—2011年测土配方施肥项目土样化验结果。

2. 盐化潮土 该亚类面积为140210.9亩，占新荣区总土地面积的9.29%，占本土类土壤面积的80.68%。其中，氯化物盐化潮土500.8亩，硫酸盐盐化潮土1499.5亩，苏打盐化潮土138210.6亩。分布在破鲁堡、堡子湾、新荣、西村、郭家窑等乡（镇）的一级阶地上。地下水位较高，水流不畅，且地下水矿化度较高，草甸化过程中附加了盐渍化过程。当潮土耕层含盐量超过2克/千克以上时，地表出现数量不等的盐斑，影响到作物的正常生长。因此，划分为盐化潮土，表层含盐量≥2克/千克，造成作物缺苗率≥10%。主要改造方法：一是工程措施降低地下水位，如打井灌溉、挖排水渠等；二是增施有机肥和酸性肥料，提高土壤肥力，增加作物和土壤的抗盐性；三是使用化学改良剂，代换土壤胶体上的钠离子，减少钠离子的危害。

该亚类土根据盐分组成不同，划分为3个土属，分述如下：

（1）硫酸盐盐化潮土：分布于郭家窑乡的一级阶地上，面积1499.5亩，占全区总土地面积的0.10%。盐分组成以硫酸盐为主，硫酸根离子占到50%以上。春季地表硫酸盐积聚，白茫茫一片，农民叫这种土壤是"白毛盐土"。根据耕层含盐量的多少和人为活动，划分为底白干重白盐潮土1个土种。耕地土壤养分见表4-15。典型剖面采自郭家窑乡助马堡村的一级阶地上，海拔1443米，理化性状见表4-16。

表 4-15　硫酸盐盐化潮土耕层土壤养分统计

项目	有机质（克/千克）	全氮（克/千克）	有效磷（毫克/千克）	速效钾（毫克/千克）	缓效钾（毫克/千克）	pH	有效硫（毫克/千克）	有效铁（毫克/千克）	有效锰（毫克/千克）	有效铜（毫克/千克）	有效锌（毫克/千克）	有效硼（毫克/千克）
最大值	13.00	0.83	7.43	114.06	583.40	8.24	30.08	4.17	6.34	0.62	0.60	0.34
最小值	10.67	0.51	3.62	57.53	450.60	7.96	25.00	2.41	5.01	0.48	0.41	0.06
平均值	11.55	0.65	5.83	70.97	496.07	8.12	27.54	3.46	5.67	0.55	0.55	0.21

表 4-16　硫酸盐盐化潮土的理化性状

层次	深度（厘米）	质地	机械组成（%） < 0.01毫米	< 0.001毫米	有机质（克/千克）	全氮（克/千克）	全磷（克/千克）	pH	碳酸钙（克/千克）	代换量（me/百克土）
1	0～5	沙壤	14.00	11.12	13.87	0.80	0.83	8.07	21.7	14.94
2	5～22	沙壤	15.00	10.32	13.42	0.62	0.80	8.10	9.9	15.58
3	22～46	沙壤	13.72	10.41	10.38	0.57	0.57	8.12	20.8	15.72
4	46～64	沙土	8.50	6.43	7.18	0.36	0.36	8.60	17.6	7.26
5	64～113	重壤	42.00	16.08	1.76	0.08	0.98	8.55	22.3	7.03
6	113～166	轻壤	22.00	17.01	6.68	0.35	0.35	8.77	80.4	5.29
7	166～216	轻壤	22.19	12.48	4.17	0.22	0.22	8.55	138.0	3.16

注：表 4-15、表 4-16 统计结果依据 2009—2011 年测土配方施肥项目土样化验结果。

（2）氯化物盐化潮土：分布在胡家窑村的一级阶地及高河漫滩上，面积为 500.8 亩，占全区总土地面积的 0.03%，主要是中重度氯化物盐化潮土。氯化物盐化潮土，其形成条件、盐分运行规律等均同硫酸盐盐化潮土。盐分组成以氯化物为主，阴离子主要为氯离子，占阴离子总量的 50% 以上。氯离子的危害强于硫酸根，对作物危害更加严重，又叫"黑油碱土"，地表呈黑油状，看去很像"潮湿的地表"，实际为"假墒"，作物很难出苗，缺苗、断垄十分严重。根据盐分的危害程度，划分为沙中盐潮土 1 个土种，耕地土壤养分见表 4-17。

表 4-17　氯化物盐化潮土耕地土壤养分统计

项目	有机质（克/千克）	全氮（克/千克）	有效磷（毫克/千克）	速效钾（毫克/千克）	缓效钾（毫克/千克）	pH	有效硫（毫克/千克）	有效铁（毫克/千克）	有效锰（毫克/千克）	有效铜（毫克/千克）	有效锌（毫克/千克）	有效硼（毫克/千克）
最大值	13.00	0.75	7.43	77.13	517.00	8.28	25.00	4.00	8.34	0.72	1.07	0.67
最小值	10.34	0.68	7.09	73.86	500.40	8.24	24.52	3.83	7.67	0.72	1.04	0.67
平均值	11.34	0.70	7.20	76.04	511.47	8.27	24.84	3.89	8.12	0.72	1.06	0.67

注：表中统计结果依据 2009—2011 年测土配方施肥项目土样化验结果。

（3）苏打盐化潮土：苏打盐化潮土是新荣区分布最广、面积最大、危害最严重的一种盐渍土类型，面积为 138 210.6 亩，占全区总土地面积的 9.27%。划分为 3 个土种，分别是耕轻苏打盐潮土93 042.4亩，耕中苏打盐潮土22 205.7亩，耕重苏打盐潮土22 962.5亩。广泛分布于淤泥河、饮马河、涓子河两岸的各个乡（镇），地形部位为一级、二级阶地和河漫滩，常与其他盐渍土类型呈斑状复区存在。盐分组成以苏打和小苏打为主（CO_3和HCO_3），地表有1～2厘米为灰白色或发黄的坚硬薄层结壳，像瓦片一样，俗称马尿碱土或瓦碱土。由于土壤中含有较多的苏打和代换性钠，土壤胶体被分散，湿时泥泞，干时坚硬，严重板结；不良的物理性状对作物危害很大，土壤通气性不良，影响作物根系的发育，引起根系"窒息"，不能进行营养供应而干枯。该土壤的改良在降低地下水位的同时，必须有化学改良剂和大量有机肥的投入，用大量的钙、镁离子代换钠离子，才能取得好的效果。典型剖面采自郭家窑乡二队地村的滩地、海拔1 220米，耕地土壤养分见表4-18，理化性状见表4-19。

表4-18　苏打盐化潮土耕层土壤养分统计

项目	有机质（克/千克）	全氮（克/千克）	有效磷（毫克/千克）	速效钾（毫克/千克）	缓效钾（毫克/千克）	pH	有效硫（毫克/千克）	有效铁（毫克/千克）	有效锰（毫克/千克）	有效铜（毫克/千克）	有效锌（毫克/千克）	有效硼（毫克/千克）
最大值	15.34	0.79	13.43	123.86	700.65	8.39	40.04	8.33	15.00	0.99	1.77	0.77
最小值	7.98	0.53	2.52	57.53	434.00	7.96	21.94	2.24	4.76	0.48	0.37	0.02
平均值	11.83	0.66	5.74	77.97	544.29	8.20	27.65	3.98	6.99	0.69	0.71	0.48

表4-19　苏打盐化潮土剖面理化性状

层次	深度（厘米）	质地	机械组成（%）<0.01毫米	机械组成（%）<0.001毫米	有机质（克/千克）	全氮（克/千克）	全磷（克/千克）	pH	碳酸钙（克/千克）	代换量（me/百克土）
1	0～3	轻壤	25.28	15.28	4.32	0.26	0.80	10.5	80.7	8.31
2	3～20	轻壤	21.88	12.28	3.72	0.22	0.91	10.4	72.3	7.29
3	20～43	中壤	32.28	16.48	4.73	0.30	0.93	9.8	73.0	10.48
4	43～105	粒土	65.28	32.68	15.61	0.82	0.63	8.8	109.2	16.37
5	105～160	重壤	55.28	33.88	6.03	0.37	0.42	8.6	124.8	—
6	160～200	中壤	37.28	23.28	1.95	0.16	0.41	8.5	39.2	—
7	200～250	中壤	41.58	17.98	3.19	0.18	0.47	8.5	201.6	—

注：表4-18、表4-19统计结果依据2009—2011年测土配方施肥项目土样化验结果。

3. 碱化潮土　该亚类土壤分布于破鲁堡乡东黄口村等地的一级阶地上，面积为2 671.6亩，占全区总土地面积的0.18%。均为苏打碱化潮土，此区地下水埋深约1.9米。与苏打盐化潮土呈复域性分布，钠离子代换了土壤中钙离子，土壤胶体上的钠离子比例超过5%，pH为8.5～9，土壤分散并呈强碱性反应，严重破坏了土壤结构。碱斑占10%～30%，土壤表层含盐量小于2克/千克，土壤盐分组成中含有一定的苏打。碱斑干时地表坚硬，植物无法生长；湿时泥泞，俗称瓦碱土。典型剖面采自郭家窑乡四道沟村的洼地、海拔1 920米，耕层土壤养分见表4-20，理化性状见表4-21。

表 4-20 碱化潮土耕层土壤养分统计

项目	有机质（克/千克）	全氮（克/千克）	有效磷（毫克/千克）	速效钾（毫克/千克）	缓效钾（毫克/千克）	pH	有效硫（毫克/千克）	有效铁（毫克/千克）	有效锰（毫克/千克）	有效铜（毫克/千克）	有效锌（毫克/千克）	有效硼（毫克/千克）
最大值	12.67	0.73	6.43	80.40	550.20	8.12	28.42	3.00	5.67	0.81	0.57	0.38
最小值	9.49	0.58	2.80	64.06	483.80	8.08	24.52	2.84	5.00	0.48	0.42	0.18
平均值	11.73	0.66	4.99	71.06	501.59	8.10	25.72	2.91	5.48	0.52	0.48	0.27

表 4-21 碱化潮土的理化性状

层次	深度（厘米）	质地	机械组成（%）		有机质（克/千克）	全氮（克/千克）	全磷（克/千克）	pH	碳酸钙（克/千克）	代换量（me/百克土）
			<0.01毫米	<0.001毫米						
1	0～5	沙壤	—	—	9.62	0.56	0.78	8.43	52.5	10.21
2	5～20	沙壤	—	—	7.04	0.43	0.67	8.89	54.1	11.13
3	20～90	沙壤	—	—	2.71	0.18	0.81	9.24	53.6	7.48
4	90～130	沙壤	—	—	2.03	0.14	0.62	8.72	32.0	5.71
5	130～180	沙壤	—	—	1.81	0.11	0.92	8.75	15.4	—
6	180～230	中壤	—	—	0.657	0.042	0.087	8.36	8.65	—

注：表4-20、表4-21统计结果依据2009—2011年测土配方施肥项目土样化验结果。

（四）盐土

盐土也是一种地下水影响的隐域性土壤，其特征与潮土基本相同。盐土与盐化潮土呈复区存在，分布于破鲁堡、东黄口、碱滩，面积 12 113.8 亩，约占全区总土地面积的0.81%。盐土就是盐化潮土在积盐过程中，耕层土壤含盐量超过 10 克/千克，pH 不高，一般低于 9，划分为盐土。积盐的主要因素：一是新荣区十年九旱，年蒸发量相当于降水量的 4.4 倍，降水少且不均匀，雨季集中在 6 月、7 月、8 月这 3 个月；一年内干旱季节较长，特别是春季缺雨多风，气候干燥，蒸发最快；所以土体内盐分淋洗作用差，盐分往下跑得少，往上升得多，这是形成地表积盐的主要原因。二是新荣区的水盐汇积中心，地势平坦，坡度较缓，地表和地下径流不畅，地下水埋深浅，矿化度高，盐碱集中连片，形成盐土。三是新荣区地下水位高，平均小于 2 米，达到了形成盐碱地的临界深度，地下水、盐在土壤毛细管的作用下上升到地表，经过蒸发，水去盐留，致使地表积盐。四是土体构型差，心土、底土层为黏土，所以在地下水位高的情况下，地表土壤水分蒸发后，地下水可陆续补充，大量提供了盐分来源；加之心土、底土黏重，有隔水阻盐的作用，表层盐分受阻隔不易下淋而易上返，所以盐分越积越多形成盐土。盐土表层含盐量大于 1%，作物难以生长。

根据 pH 的高低和钠离子在土壤胶体所占的比例，划分为碱化盐土 1 个亚类，硫酸盐氯化物碱化盐土、氯化物碱化盐土 2 个土属，灰碱化盐土、黑油碱化盐土 2 个土种。碱化盐土分布在新荣区的盐分汇聚中心，地势低洼，地下水径流不畅、矿化度高，形成盐土。新荣区盐土多分布在破鲁堡、东黄口、碱滩等村的河漫滩上，盐土改良应做到使地下水流畅，减少盐分积聚，切断盐分来源，减少耕层盐分；然后再增施大量有机肥，使用化学改良剂，才能取得较好的效果。在硫酸盐氯化物碱化盐土盐分组成中，阴离子以硫酸根离子含量最多，占阴离子总量的 53%；依次是氯离子含量占阴离子总量的 38%，碳酸根与重碳酸根离子之和占阴离子总量的 9%，这 2 种离子含量虽少，但对土壤性状影响却很大。

硫酸盐氯化物碱化盐土土属只有 1 个土种，为灰碱化盐土。在氯化物碱化盐土盐分组成中，阴离子以氯离子含量占优势，占阴离子总量的 77%；阳离子以钠离子含量占绝对优势，占阳离子总量的 92%。氯化物碱化盐土土属只有 1 个土种，为黑油碱化盐土。典型剖面采自破鲁堡乡东黄口村的盐池地、海拔 1 200 米，耕层土壤养分见表 4‐22，混合碱化盐土理化性状见表 4‐23。

表 4‐22 硫酸盐氯化物碱化盐土耕地土壤养分统计

项目	有机质（克/千克）	全氮（克/千克）	有效磷（毫克/千克）	速效钾（毫克/千克）	缓效钾（毫克/千克）	pH	有效硫（毫克/千克）	有效铁（毫克/千克）	有效锰（毫克/千克）	有效铜（毫克/千克）	有效锌（毫克/千克）	有效硼（毫克/千克）
最大值	13.00	0.86	5.76	83.66	550.20	8.28	30.08	5.34	6.34	0.72	0.67	0.28
最小值	10.00	0.60	3.62	51.00	483.80	8.08	25.10	3.00	5.67	0.52	0.51	0.03
平均值	11.36	0.73	4.41	64.74	509.39	8.18	28.56	3.95	5.95	0.61	0.60	0.15

表 4‐23 混合碱化盐土的理化性状

层次	深度（厘米）	质地	机械组成（%） <0.01 毫米	机械组成（%） <0.001 毫米	有机质（克/千克）	全氮（克/千克）	全磷（克/千克）	pH	碳酸钙（克/千克）	代换量（me/百克土）
1	0～5	中壤	26.88	10.28	5.43	0.33	0.62	9.72	106.1	—
2	5～20	中壤	27.88	12.48	5.32	0.30	0.60	9.75	107.6	—
3	20～51	重壤	39.48	23.48	5.13	0.43	0.52	9.40	146.3	—
4	51～109	黏土	44.58	33.88	4.74	0.30	0.51	9.10	128.4	—
5	109～161	沙壤	14.48	8.88	3.30	0.25	0.51	9.10	70.9	—
6	161～211	沙壤	10.48	6.88	2.73	0.18	0.50	8.95	63.4	—

注：表 4‐22、表 4‐23 统计结果依据 2009—2011 年测土配方施肥项目土样化验结果。

（五）石质土

石质土分布于低山和中山下部，海拔 1 200～1 700 米。主要分布于花园屯、堡子湾、西村、上深涧境内的岩质山地上，无植物防护或仅生长稀疏植被。石质土的自然植被主要是羊胡草、狗尾草、蒿属等耐旱植物。由于气候干旱，植被生长稀疏，侵蚀作用强烈，水土流失较重，可见薄层山丘土壤。这类土壤直接发育在花岗片麻岩、玄武岩、石灰岩等岩石的坡积、残积母质上，与其他土壤类型交错呈复域存在。面积 117 145.5 亩，约占全区土地面积的 7.86%。有中性石质土、钙质石质土 2 个亚类，3 个土属，3 个土种。石质土的利用主要作为牧业用地，种植耐旱、耐瘠的牧草，草灌结合，增加植被覆盖度，保持水土，增厚土层。

1. 中性石质土 该亚类土壤主要分布于花园屯、堡子湾、上深涧境内的岩质山地上，面积 114 220.7 亩，约占全区土地面积的 2.76%。有麻沙质中性石质土、沙泥质中性石质土 2 个土属，麻石砾土、沙石砾土 2 个土种。典型剖面采自花园屯乡三百户营村、海拔 1 400 米处，麻沙质中性石质土耕层土壤养分见表4-24，麻沙质中性石质土理化性状见表4-25。

表4-24　麻沙质中性石质土耕层土壤养分统计

项目	有机质（克/千克）	全氮（克/千克）	有效磷（毫克/千克）	速效钾（毫克/千克）	缓效钾（毫克/千克）	pH	有效硫（毫克/千克）	有效铁（毫克/千克）	有效锰（毫克/千克）	有效铜（毫克/千克）	有效锌（毫克/千克）	有效硼（毫克/千克）
最大值	14.67	0.71	9.09	114.06	640.86	8.35	28.42	6.00	9.67	0.83	1.00	0.64
最小值	10.34	0.58	4.17	57.53	483.80	8.24	22.80	2.84	4.76	0.60	0.64	0.38
平均值	12.00	0.65	6.38	79.82	548.94	8.29	25.98	3.69	6.66	0.75	0.84	0.51

表4-25　麻沙质中性石质土的理化性状

层次	深度（厘米）	质地	机械组成（%）		有机质（克/千克）	全氮（克/千克）	全磷（克/千克）	pH	碳酸钙（克/千克）	代换量（me/百克土）
			<0.01毫米	<0.001毫米						
1	0～23	沙土	5.08	4.08	11.62	0.67	1.01	8.2	3.73	8.4
2	23～47	沙土	6.48	2.28	6.26	0.46	1.22	8.6	5.89	7.0
3	47～70	沙土	3.48	3.08	3.3	0.20	1.68	8.6	4.25	5.3
4	70～106	沙土	10.08	5.08	5.12	0.30	1.37	8.4	4.92	7.8
5	106～150	沙土	9.08	3.48	3.29	0.24	1.37	8.4	4.77	6.2

注：表4-24、表4-25统计结果依据2009—2011年测土配方施肥项目土样化验结果。

2. 钙质石质土　主要分布于破鲁堡乡境内的岩质山地上，面积2 924亩，约占全区土地面积的0.2%。只有钙质石质土1个土属，灰石砾土1个土种。典型剖面采自破鲁堡乡八墩村、海拔1 200米处，耕层土壤养分见表4-26，理化性状见表4-27。

表4-26　钙质石质土耕层土壤养分统计

项目	有机质（克/千克）	全氮（克/千克）	有效磷（毫克/千克）	速效钾（毫克/千克）	缓效钾（毫克/千克）	pH	有效硫（毫克/千克）	有效铁（毫克/千克）	有效锰（毫克/千克）	有效铜（毫克/千克）	有效锌（毫克/千克）	有效硼（毫克/千克）
最大值	13.00	0.83	6.43	77.13	550.20	8.24	28.42	3.83	5.67	0.58	0.60	0.36
最小值	11.00	0.65	3.62	60.80	467.20	7.96	26.76	2.41	5.67	0.48	0.41	0.17
平均值	11.77	0.72	4.49	67.33	515.34	8.10	27.26	2.99	5.67	0.54	0.52	0.27

表4-27　钙质石质土的理化性状

层次	深度（厘米）	质地	机械组成（%）		有机质（克/千克）	全氮（克/千克）	全磷（克/千克）	pH	碳酸钙（克/千克）	代换量（me/百克土）
			<0.01毫米	<0.001毫米						
1	0～23	沙土	5.08	4.08	11.62	0.67	1.01	8.2	3.73	8.4
2	23～47	沙土	6.48	2.28	6.26	0.46	1.22	8.6	5.89	7.0
3	47～70	沙土	3.48	3.08	3.3	0.20	1.68	8.6	4.25	5.3

注：以上统计结果依据2009—2011年测土配方施肥项目土样化验结果。

（六）粗骨土

粗骨土分布在西村、花园屯等乡（镇）的石质山地上和石质丘陵地带，粗骨土和各类山地薄层土壤呈复域分布，海拔 1 100～1 700 米。生长的植被为耐旱性蒿属、羊草、针茅、百里香等，表层腐殖层薄，A 层下面有较明显的岩石风化物，通体含有半风化物的碎屑，砾石含量占 50％以上；母质发育明显，质地粗糙，坡度大，侵蚀严重，植被覆盖度差。表层有机质含量较高。面积为 20 282.2 亩，占全区总土地面积的 1.36％。粗骨土分为中性粗骨土 1 个亚类，2 个土属，2 个土种。粗骨土的改良利用应以种植耐旱耐瘠牧草和灌木为主，封山育林，增加草灌对土壤的覆盖，保蓄水土，控制水土流失，增厚土层。

中性粗骨土　中性粗骨土亚类分麻沙质中性粗骨土、沙泥质中性粗骨土 2 个土属，分布于花园屯乡海拔约 1 150 米以上的石质山淋溶山地阳坡，大多为薄中层的薄层土壤，剖面无石灰反应。面积为 20 282.2 亩，约占全区总土地面积的 1.36％。土壤有机质含量为 11.26～31.19 克/千克，平均值 23.5 克/千克；全氮为 0.82～1.99 克/千克，平均值 1.46 克/千克；速效磷为 1.0～13.6 毫克/千克，平均值 2.1 毫克/千克；有效钾为 52～101 毫克/千克，平均值 58 毫克/千克；代换量平均 16.0me/百克土；pH 为 8.1。

（1）麻沙质中性粗骨土：分布在西村、花园屯等乡的低山上，面积 11 128.7 亩，约占全区土地面积的 0.75％。本土属由于受母质影响，砾石含量较多；土壤有机质含量最高达 21.67 克/千克，最低 10.67 克/千克，平均值 15.34 克/千克；全氮平均值 0.68 克/千克，有效磷平均值 5.85 毫克/千克，速效钾平均值 72.82 毫克/千克。土层厚度 20～100 厘米，土壤覆盖度 40％左右，pH 为 8～8.4。典型剖面采自西村乡七里村、海拔 1 300 米处，麻沙质中性粗骨土耕地土壤养分含量统计见表 4 - 28，麻沙质中性粗骨土理化性状见表 4 - 29。

表 4 - 28　麻沙质中性粗骨土耕层土壤养分统计

项目	有机质（克/千克）	全氮（克/千克）	有效磷（毫克/千克）	速效钾（毫克/千克）	缓效钾（毫克/千克）	pH	有效硫（毫克/千克）	有效铁（毫克/千克）	有效锰（毫克/千克）	有效铜（毫克/千克）	有效锌（毫克/千克）	有效硼（毫克/千克）
最大值	21.67	0.79	8.43	83.66	620.93	8.35	33.40	6.00	7.67	0.78	1.04	0.67
最小值	10.67	0.60	3.35	54.26	467.20	8.04	23.66	3.67	4.49	0.62	0.57	0.48
平均值	15.34	0.68	5.85	72.82	543.61	8.18	28.74	4.10	5.85	0.71	0.82	0.55

表 4 - 29　麻沙质中性粗骨土的理化性状

层次	深度（厘米）	质地	机械组成（％）<0.01 毫米	机械组成（％）<0.001 毫米	有机质（克/千克）	全氮（克/千克）	全磷（克/千克）	pH	碳酸钙（克/千克）	代换量（me/百克土）
1	0～23	沙土	5.08	4.08	11.62	0.67	1.01	8.2	3.73	8.4
2	23～47	沙土	6.48	2.28	6.26	0.46	1.22	8.6	5.89	7.0
3	47～70	沙土	3.48	3.08	3.3	0.20	1.68	8.6	4.25	5.3
4	70～106	沙土	10.08	5.08	5.12	0.30	1.37	8.4	4.92	7.8
5	106～150	沙土	9.08	3.48	3.29	0.24	1.37	8.4	4.77	6.2

注：表 4 - 28、表 4 - 29 统计结果依据 2009—2011 年测土配方施肥项目土样化验结果。

（2）沙泥质中性粗骨土：分布在花园屯等地的低山上，是在砂页岩的风化物形成的残积、坡积母质上或在其上覆盖薄层黄土母质上发育形成的。由于砂页岩多，系钙质胶结，故易风化，多为石英粗粒，质地粗糙，结构性差，多为沙壤质地。面积 22 875 亩，约占全区土地面积的 0.9％；耕地面积 12 666.4 亩，约占全区总耕地面积的 1.4％。本土属由于受母质影响，砾石含量较多，土壤有机质含量在 9.25～24.5 克/千克，pH 为 7.8～8.6。典型剖面采自花园屯乡三百户营村、海拔 1 440 米处，耕地土壤养分含量统计见表 4-30，理化性状见表 4-31。

表 4-30　沙泥质中性粗骨土耕层土壤养分统计

项目	有机质（克/千克）	全氮（克/千克）	有效磷（毫克/千克）	速效钾（毫克/千克）	缓效钾（毫克/千克）	pH	有效硫（毫克/千克）	有效铁（毫克/千克）	有效锰（毫克/千克）	有效铜（毫克/千克）	有效锌（毫克/千克）	有效硼（毫克/千克）
最大值	24.50	1.60	25.0	255.0	1 575.0	8.6	54.0	13.5	14.0	2.6	5.00	0.58
最小值	9.25	0.65	4.0	80.0	525.0	7.8	16.5	1.3	1.0	0.9	0.45	0.21
平均值	13.99	0.92	10.2	132.2	747.1	8.2	36.4	5.9	6.0	1.2	1.14	0.37

表 4-31　沙泥质中性粗骨土的理化性状

层次	深度（厘米）	质地	有机质（克/千克）	全氮（克/千克）	全磷（克/千克）	pH	碳酸钙（克/千克）	代换量（me/百克土）
腐殖质层	0～20	沙土	4～40	0.7～0.2	0.4～0.5	8.1	3.73	13～15
心土层	15～80	沙土	2～20	0.1～0.8	0.4～0.5	8.2	5.89	10～11
母质层	10～100	沙土	2～8	0.1～0.4	0.4～0.5	8.2	4.25	7～8

注：表 4-30、表 4-31 统计结果依据 2009—2011 年测土配方施肥项目土样化验结果。

（七）风沙土

风沙土分布于新荣区堡子湾乡境内的长城沿线，剖面发育微弱，是在风沙地区风成沙性母质上发育的土壤。气候干燥，温差大，物理风化强，沙源丰富，而且植被稀疏，风大而频繁；在风蚀下，砾石残留，细土飞扬，沙粒在地表流动，以致流沙蔓延，形成风沙土。植被以根系发达的沙生植物为主。风沙土分为草原风沙土 1 个亚类，固定草原风沙土 1 个土属，慢沙土、耕慢沙土 2 个土种。面积 12 074.2 亩，约占全区土地面积的 0.8％。固定草原风沙土分布于堡子湾乡境内，地表有腐殖质层，A-C 层分界明显，植物比半固定风沙土上又有进一步发展，除沙生植物外，尚掺一些地带性的植物。地表结皮增厚，植被覆盖度增大，土壤不在被风吹移，剖面中有弱团块状结构。物理化学性状显著变化，此土进一步发展可变为地带性土类。

第二节　有机质及大量元素

土壤大量元素背景值的表达方式以各统计单元养分汇总结果的算术平均值和标准差来表示，分别以单体 N、P、K 表示。表示单位：有机质、全氮用克/千克表示，有效磷、速效钾、缓效钾用毫克/千克表示。

土壤有机质、全氮、有效磷、速效钾等以《山西省耕地土壤养分含量分级参数表》为标准各分 6 个级别。见表 4 - 32。

表 4 - 32 山西省耕地地力土壤养分耕地标准

级 别	I	II	III	IV	V	VI
有机质（克/千克）	>25.00	20.01～25.00	15.01～20.00	10.01～15.00	5.01～10.00	≤5.00
全氮（克/千克）	>1.50	1.201～1.50	1.001～1.200	0.701～1.000	0.501～0.700	≤0.50
有效磷（毫克/千克）	>25.00	20.01～25.00	15.1～20.0	10.1～15.0	5.1～10.0	≤5.0
速效钾（毫克/千克）	>250	201～250	151～200	101～150	51～100	≤50
缓效钾（毫克/千克）	>1 200	901～1 200	601～900	351～600	151～350	≤150
阳离子代换量（me/百克土）	>20.00	15.01～20.00	12.01～15.00	10.01～12.00	8.01～10.00	≤8.00
有效铜（毫克/千克）	>2.00	1.51～2.00	1.01～1.51	0.51～1.00	0.21～0.50	≤0.20
有效锰（毫克/千克）	>30.00	20.01～30.00	15.01～20.00	5.01～15.00	1.01～5.00	≤1.00
有效锌（毫克/千克）	>3.00	1.51～3.00	1.01～1.50	0.51～1.00	0.31～0.50	≤0.30
有效铁（毫克/千克）	>20.00	15.01～20.00	10.01～15.00	5.01～10.00	2.51～5.00	≤2.50
有效硼（毫克/千克）	>2.00	1.51～2.00	1.01～1.50	0.51～1.00	0.21～0.50	≤0.20
有效钼（毫克/千克）	>0.30	0.26～0.30	0.21～0.25	0.16～0.20	0.11～0.15	≤0.10
有效硫（毫克/千克）	>200.00	100.1～200	50.1～100.0	25.1～50.0	12.1～25.0	≤12.0
有效硅（毫克/千克）	>250.0	200.1～250.0	150.1～200.0	100.1～150.0	50.1～100.0	≤50.0
交换性钙（克/千克）	>15.00	10.01～15.00	5.01～10.0	1.01～5.00	0.51～1.00	≤0.50
交换性镁（克/千克）	>1.00	0.76～1.00	0.51～0.75	0.31～0.50	0.06～0.30	≤0.05

一、含量与分级

1. 有机质 新荣区耕地土壤有机质含量变化为 7.23～28.05 克/千克，平均值为 12.35 克/千克，属四级水平。见表 4 - 33。

（1）不同行政区域：西村乡平均值最高，为 14.28 克/千克；其次是上深涧，平均值为 12.78 克/千克；最低是堡子湾乡，平均值为 11.68 克/千克。

（2）不同地形部位：低山丘陵坡地平均值最高，为 13.75 克/千克；其次低山下部缓坡地段，平均值为 12.84 克/千克；最低是河流冲积平原的河漫滩，平均值为 11.72 克/千克。

（3）不同母质：黄土母质平均值为 12.75 克/千克，洪积物平均值为 12.29 克/千克。

（4）不同土壤类型：粗骨土最高，平均值为 14.05 克/千克；盐土最低，平均值为 11.46 克/千克。

表 4-33 新荣区大田土壤养分有机质统计

单位：克/千克

类 别		平均值	最小值	最大值	标准差	变异系数
行政区域	新荣镇	12.64	9.49	19.00	1.36	0.11
	堡子湾乡	11.68	7.98	16.00	1.66	0.14
	郭家窑乡	11.69	7.98	17.34	1.31	0.11
	破鲁堡乡	11.89	8.99	16.67	1.15	0.10
	上深涧乡	12.78	7.23	21.00	2.25	0.18
	西村乡	14.28	10.00	28.05	3.27	0.23
	花园屯乡	12.04	7.48	18.34	1.70	0.14
土壤类型	山地草甸土	11.33	7.73	15.34	1.58	0.14
	粗骨土	14.05	9.24	21.67	3.20	0.23
	风沙土	11.58	8.24	13.00	1.20	0.10
	栗钙土	12.52	7.23	28.05	2.08	0.17
	石质土	12.31	10.00	21.34	1.75	0.14
	盐土	11.46	10.00	13.00	0.73	0.06
	潮土	11.33	7.73	15.34	1.58	0.14
地形部位	低山丘陵坡地	13.75	7.23	28.05	3.29	0.24
	河漫滩	11.72	7.98	15.34	1.17	0.10
	一级、二级阶地	12.02	7.73	23.67	1.54	0.13
	丘陵低山	12.20	7.48	17.67	1.54	0.13
	低山下部缓坡地段	12.84	8.49	18.34	1.78	0.14

注：表中统计结果依据 2009—2011 年测土配方施肥项目土样化验结果。

2. 全氮 新荣区土壤全氮含量变化范围为 0.46～0.89 克/千克，平均值为 0.67 克/千克，属五级水平。见表 4-34。

表 4-34 新荣区大田土壤养分全氮统计

单位：克/千克

类 别		平均值	最小值	最大值	标准差	变异系数
行政区域	新荣镇	0.672	0.550	0.830	0.048	0.072
	堡子湾乡	0.638	0.510	0.790	0.048	0.075
	郭家窑乡	0.651	0.460	0.810	0.050	0.077
	破鲁堡乡	0.687	0.510	0.890	0.062	0.090
	上深涧乡	0.665	0.470	0.790	0.049	0.073
	西村乡	0.656	0.480	0.840	0.049	0.074
	花园屯乡	0.690	0.530	0.840	0.048	0.069

（续）

	类　　别	平均值	最小值	最大值	标准差	变异系数
土壤类型	山地草甸土	0.67	0.51	0.79	0.06	0.08
	粗骨土	0.67	0.60	0.79	0.04	0.06
	风沙土	0.62	0.56	0.70	0.03	0.05
	栗钙土	0.67	0.46	0.89	0.05	0.08
	石质土	0.67	0.53	0.83	0.05	0.07
	盐土	0.69	0.51	0.86	0.09	0.12
	潮土	0.67	0.51	0.79	0.06	0.08
地形部位	低山丘陵坡地	0.67	0.47	0.84	0.05	0.08
	河漫滩	0.66	0.51	0.86	0.06	0.09
	一级、二级阶地	0.67	0.46	0.89	0.05	0.08
	丘陵低山	0.67	0.51	0.84	0.05	0.08
	低山下部缓坡地段	0.69	0.58	0.81	0.04	0.06

注：表中统计结果依据 2009—2011 年测土配方施肥项目土样化验结果。

（1）不同行政区域：花园屯乡最高，平均值为 0.69 克/千克；其次是破鲁堡乡，平均值均为 0.687 克/千克；最低是堡子湾乡，平均值为 0.638 克/千克。

（2）不同地形部位：低山下部缓坡地段最高，平均值为 0.69 克/千克；最低是河漫滩，平均值为 0.66 克/千克。

（3）不同母质：黄土母质、洪积物平均值为 0.67 克/千克。

（4）不同土壤类型：盐土最高，平均值为 0.69 克/千克；最低是风沙土，平均值为 0.62 克/千克。

3. 有效磷　新荣区有效磷含量变化范围为 1.7～23.76 毫克/千克，平均值为 5.51 毫克/千克，属五级水平。见表 4-35。

表 4-35　新荣区大田土壤养分有效磷统计

单位：毫克/千克

	类　　别	平均值	最小值	最大值	标准差	变异系数
行政区域	新荣镇	7.41	3.35	23.76	1.83	0.25
	堡子湾乡	6.38	3.35	14.43	1.57	0.25
	郭家窑乡	4.73	2.25	13.43	1.81	0.38
	破鲁堡乡	4.68	1.70	9.43	1.19	0.25
	上深涧乡	4.35	2.52	8.76	0.97	0.22
	西村乡	7.62	3.35	14.09	1.87	0.25
	花园屯乡	4.32	2.25	7.76	0.88	0.20
土壤类型	山地草甸土	5.60	2.52	13.43	1.65	0.29
	粗骨土	5.51	3.35	9.09	1.99	0.36
	风沙土	6.63	4.72	8.43	1.22	0.18

（续）

类	别	平均值	最小值	最大值	标准差	变异系数
土壤类型	栗钙土	5.50	1.70	23.76	2.02	0.37
	石质土	5.53	3.62	10.76	1.62	0.29
	盐土	5.10	3.62	7.43	1.30	0.25
	潮土	5.60	2.52	13.43	1.65	0.29
地形部位	低山丘陵坡地	5.58	2.52	13.76	2.02	0.36
	河漫滩	4.80	1.70	14.43	1.39	0.29
	一级、二级阶地	5.64	2.25	21.09	1.97	0.35
	丘陵低山	6.64	2.80	23.76	2.26	0.34
	低山下部缓坡地段	4.40	2.52	11.09	1.28	0.29

注：表中统计结果依据 2009—2011 年测土配方施肥项目土样化验结果。

（1）不同行政区域：西村乡最高，平均值为 7.62 毫克/千克；其次是新荣镇，平均值为 7.41 毫克/千克；最低是花园屯乡，平均值为 4.32 毫克/千克。

（2）不同地形部位：丘陵低山最高，平均值为 6.64 毫克/千克；其次是低山丘陵坡地，平均值为 5.58 毫克/千克；最低是低山下部缓坡地段，平均值为 4.4 毫克/千克。

（3）不同土壤类型：风沙土最高，平均值为 6.63 毫克/千克；最低是盐土，平均值为 5.1 毫克/千克。

4. 速效钾 新荣区土壤速效钾含量变化范围为 44.8～227.1 毫克/千克，平均值为 77.1 毫克/千克，属五级水平。见表 4 - 36。

表 4 - 36 新荣区大田土壤养分速效钾统计

单位：毫克/千克

类	别	平均值	最小值	最大值	标准差	变异系数
行政区域	新荣镇	95.7	60.8	227.1	20.4	0.21
	堡子湾乡	75.2	47.9	133.7	12.3	0.16
	郭家窑乡	72.4	54.3	117.3	8.3	0.12
	破鲁堡乡	72.8	51.0	167.3	10.3	0.14
	上深涧乡	77.6	50.0	114.1	10.0	0.13
	西村乡	74.3	49.0	196.7	13.8	0.19
	花园屯乡	74.2	44.8	136.9	7.6	0.10
土壤类型	山地草甸土	75.39	57.53	123.86	11.04	0.15
	粗骨土	74.15	54.26	120.60	10.46	0.14
	风沙土	73.34	57.53	86.93	8.88	0.12
	栗钙土	77.50	44.83	227.13	14.54	0.19
	石质土	77.09	57.53	114.06	11.34	0.15
	盐土	67.79	51.00	114.06	12.54	0.18
	潮土	75.39	57.53	123.86	11.04	0.15

（续）

类　　别		平均值	最小值	最大值	标准差	变异系数
地形部位	低山丘陵坡地	75.47	49.99	167.33	11.17	0.15
	河漫滩	72.25	51.00	130.40	9.40	0.13
	一级、二级阶地	77.87	44.83	227.13	14.62	0.19
	丘陵低山	83.17	54.26	196.73	20.63	0.25
	低山下部缓坡地段	77.15	44.83	130.40	10.59	0.14

注：表中统计结果依据 2009—2011 年测土配方施肥项目土样化验结果。

（1）不同行政区域：新荣镇最高，平均值为 95.7 毫克/千克；其次是上深涧乡，平均值为 77.6 毫克/千克；最低是郭家窑乡，平均值为 72.4 毫克/千克。

（2）不同地形部位：丘陵低山最高，平均值为 83.17 毫克/千克；其次是一级、二级阶地，平均值为 77.87 毫克/千克；最低是河漫滩，平均值为 72.25 毫克/千克。

（3）不同土壤类型：栗钙土最高，平均值为 77.50 毫克/千克；最低是盐土，平均值为 67.79 毫克/千克。

5. 缓效钾　新荣区土壤缓效钾变化范围 340.1～860.1 毫克/千克，平均值为 538 毫克/千克，属四级水平。见表 4-37。

<h3 style="text-align:center">表 4-37　新荣区大田土壤养分缓效钾统计</h3>

单位：毫克/千克

类　　别		平均值	最小值	最大值	标准差	变异系数
行政区域	新荣镇	598.5	483.8	700.7	35.5	0.06
	堡子湾乡	531.3	400.8	720.6	52.9	0.10
	郭家窑乡	528.5	384.2	860.1	54.7	0.10
	破鲁堡乡	507.7	417.4	760.4	40.2	0.08
	上深涧乡	534.0	417.4	680.7	68.9	0.13
	西村乡	544.0	340.1	780.4	46.6	0.09
	花园屯乡	529.0	417.4	820.2	53.3	0.10
土壤类型	山地草甸土	532.5	434.0	700.7	53.8	0.10
	粗骨土	549.6	467.2	640.9	42.5	0.08
	风沙土	499.7	400.8	566.8	45.8	0.09
	栗钙土	538.2	340.1	860.1	56.4	0.10
	石质土	573.2	434.0	780.4	78.5	0.14
	盐土	502.9	450.6	583.4	26.8	0.05
	潮土	532.5	434.0	700.7	53.8	0.10
地形部位	低山丘陵坡地	533.41	417.40	760.44	58.78	0.11
	河漫滩	507.90	400.80	640.86	40.08	0.08
	一级、二级阶地	543.11	340.14	860.09	52.80	0.10
	丘陵低山	557.55	434.00	760.44	50.52	0.09
	低山下部缓坡地段	541.60	417.40	820.23	88.47	0.16

注：表中统计结果依据 2009—2011 年测土配方施肥项目土样化验结果。

（1）不同行政区域，新荣镇最高，平均值为598.50毫克/千克；其次是西村乡，平均值为544.0毫克/千克；破鲁堡乡最低，平均值为507.7毫克/千克。

（2）不同地形部位：丘陵低山最高，平均值为557.7毫克/千克；其次是一级、二级阶地，平均值为543.11毫克/千克；最低是河漫滩，平均值为507.9毫克/千克。

（3）不同土壤类型：石质土最高，平均值为573.2毫克/千克；其次是粗骨土，平均值为549.6毫克/千克；风沙土最低，平均值为499.7毫克/千克。

二、有机质及大量元素分级论述

（一）有机质

Ⅰ级　有机质含量大于25.0克/千克，面积为697.1亩，占总耕地面积的0.1%。主要分布于夏庄、甘庄、西村等乡、村。

Ⅱ级　有机质含量为20.01～25克/千克，面积为5 150亩，占总耕地面积的1.1%。主要分布在西村乡，上深涧乡也有少量分布。

Ⅲ级　有机质含量为15.01～20.0克/千克，面积为34 819亩，占总耕地面积的7.1%。主要分布西村乡、上深涧乡，其次为堡子湾乡、花园屯乡和新荣镇。

Ⅳ级　有机质含量为10.01～15.0克/千克，面积为418 098亩，占总耕地面积的85.3%。广泛分布在全区各个乡（镇）。

Ⅴ级　有机质含量为5.01～10.1克/千克，面积为31 526亩，占总耕地面积的6.4%。主要分布在破鲁堡、郭家窑、花园屯、堡子湾和新荣等乡（镇）。

Ⅵ级　全区无分布。

（二）全氮

Ⅰ级　全氮量大于1.50克/千克，全区无分布。

Ⅱ级　全氮含量为1.201～1.50克/千克，全区无分布。

Ⅲ级　全氮含量为1.001～1.20克/千克，全区无分布。

Ⅳ级　全氮含量为0.701～1.000克/千克，面积为52 268.7亩，占总耕地面积的10.66%。主要分布破鲁堡、花园屯、堡子湾等乡（镇）。

Ⅴ级　全氮含量为0.501～0.70克/千克，面积为436 079.6亩，占总耕地面积的88.94%。广泛分布在全区各个乡（镇）。

Ⅵ级　全氮含量小于0.5克/千克，面积为1 941.8亩，占总耕地面积的0.4%。分布在郭家窑乡助马堡村、上深涧乡施家洼村和西村乡谢家场村。

（三）有效磷

Ⅰ级　有效磷含量大于25.00毫克/千克。全区无分布。

Ⅱ级　有效磷含量为20.1～25.00毫克/千克。面积为143.7亩，占总耕地面积的0.03%。只有在新荣镇王堂窑村有极少分布。

Ⅲ级　有效磷含量为15.1～20.1毫克/千克，面积为60.4亩，占总耕地面积的0.01%。只有在新荣镇王堂窑村和张布袋沟村有极少分布。

Ⅳ级　有效磷含量为10.1～15.0毫克/千克。面积为14 841.9亩，占总耕地面积的

3.03％。主要分布在西村、新荣和堡子湾等乡（镇）。

Ⅴ级　有效磷含量为5.1～10.0毫克/千克。面积为258 142.7亩，占总耕地面积的52.65％。广泛分布在全区各个乡（镇）。

Ⅵ级　有效磷含量小于5.0毫克/千克，面积为217 101.4亩，占总耕地面积的44.28％。广泛分布在全区各个乡（镇）。

（四）速效钾

Ⅰ级　速效钾含量大于250毫克/千克，全区无分布。

Ⅱ级　速效钾含量为201～250毫克/千克，只在新荣镇辛窑村分布11.9亩。

Ⅲ级　速效钾含量为151～200毫克/千克，面积为2 505.5亩，占总耕地面积的0.51％。主要分布在新荣镇辛窑、王堂窑和西村乡李花庄及破鲁堡乡王屯村。

Ⅳ级　速效钾含量为101～150毫克/千克，面积为31 606.1亩，占总耕地面积的6.45％。主要分布新荣、西村和花园屯等乡（镇）。

Ⅴ级　速效钾含量为51～100毫克/千克，面积为455 617.7亩，占总耕地面积的92.93％。广泛分布在全区各个乡（镇）。

Ⅵ级　速效钾含量小于50毫克/千克，面积为548.8亩，占总耕地面积的0.11％。分布在西村乡镇河堡，堡子湾乡四道沟、宏赐堡、堡子湾村，上深涧乡蔡家窑村、花园屯乡圪坨村、镇川堡村。

（五）缓效钾

Ⅰ级　缓效钾含量大于1 200毫克/千克，全区无分布。

Ⅱ级　缓效钾含量为901～1 200毫克/千克，全区无分布。

Ⅲ级　缓效钾含量为601～900毫克/千克，面积为78 396.4亩，占总耕地面积的16.0％。分布在全区各个乡（镇），花园屯乡分布较多。

Ⅳ级　缓效钾含量为351～600毫克/千克，面积为411 888.3亩，占总耕地面积的84.0％。广泛分布在全区各个乡（镇）。

Ⅴ级　缓效钾含量为151～350毫克/千克，全区面积只有5.4亩。

Ⅵ级　缓效钾含量小于等于150毫克/千克，全区无分布。

新荣区耕地土壤大量元素分级面积见表4-38。

表 4 - 38　新荣区耕地土壤大量元素分级面积

项目	含量范围	Ⅰ	Ⅱ	Ⅲ	Ⅳ	Ⅴ	Ⅵ
有机质	面积（亩）	697.1	5 150	34 819	418 098	31 526	0
	百分比（％）	0.1	1.1	7.1	85.3	6.4	0
全氮	面积（亩）	0	0	0	52 268.7	436 079.6	1 941.8
	百分比（％）	0	0	0	10.66	88.94	0.40
有效磷	面积（亩）	0	143.7	60.4	14 841.9	258 142.7	217 101.4
	百分比（％）	0	0.03	0.01	3.03	52.65	44.28
速效钾	面积（亩）	0	11.9	2 505.5	31 606.2	455 617.7	548.8
	百分比（％）	0	0	0.51	6.45	92.93	0.11
缓效钾	面积（亩）	0	0	78 396.4	411 888.3	5.4	0
	百分比（％）	0	0	15.99	84.01	0	0

注：表中统计结果依据2009—2011年测土配方施肥项目土样化验结果。

第三节 中量元素

中量元素背景值的表达方式以各统计单元养分汇总结果的算术平均值和标准差来表示。以单位体 S 表示，单位用毫克/千克来表示。

由于有效硫目前全国范围内仅有酸性土壤临界值，而新荣区土壤属石灰性土壤，没有临界值标准。因而只能根据养分分量的具体情况进行级别划分，分 6 个级别（表 4‐32）。

一、含量与分布

新荣区土壤有效硫变化范围为 21.08～75 毫克/千克，平均值为 27.24 毫克/千克，属四级水平。见表 4‐39。

表 4‐39 新荣区大田土壤有效硫含量统计

单位：毫克/千克

类 别		平均值	最小值	最大值	标准差	变异系数
行政区域	新荣镇	26.80	21.08	75.00	3.99	0.15
	堡子湾乡	27.39	21.08	43.36	2.70	0.10
	郭家窑乡	28.32	22.80	38.38	2.32	0.08
	破鲁堡乡	27.42	21.94	33.40	2.10	0.08
	上深涧乡	27.88	24.52	31.74	1.12	0.04
	西村乡	27.18	21.94	40.04	2.72	0.10
	花园屯乡	26.60	24.52	28.42	0.67	0.03
土壤类型	山地草甸土	27.48	21.94	40.04	2.37	0.09
	粗骨土	27.99	23.66	33.40	2.25	0.08
	风沙土	28.06	23.66	35.06	3.17	0.11
	栗钙土	27.20	21.08	75.00	2.41	0.09
	石质土	26.51	22.80	33.40	1.75	0.07
	盐土	28.06	25.00	30.08	1.48	0.05
	潮土	27.76	21.94	33.40	1.80	0.06
地形部位	低山丘陵坡地	27.43	21.08	33.40	2.08	0.08
	河漫滩	27.18	21.08	75.00	2.71	0.10
	一级、二级阶地	26.84	21.94	33.40	2.03	0.08
	丘陵低山	26.45	21.94	30.08	0.91	0.03
	低山下部缓坡地段	26.80	21.08	75.00	3.99	0.15

注：表中统计结果依据 2009—2011 年测土配方施肥项目土样化验结果。

（1）不同行政区域：郭家窑乡最高，平均值为 28.32 毫克/千克；其次是上深涧乡，平均值为 27.88 毫克/千克；最低是花园屯乡，平均值为 26.60 克/千克。

（2）不同地形部位：低山丘陵坡地最高，平均值为 27.43 毫克/千克；最低是丘陵低山，平均值为 26.45 毫克/千克。

（3）不同土壤类型：风沙土、盐土最高，平均值为 28.06 毫克/千克；其次是粗骨土，平均值为 27.99 毫克/千克；最低是石质土，平均值为 26.51 毫克/千克。

二、分级论述

新荣区土壤有效硫分级论述如下：

Ⅰ级　有效硫含量大于 200.0 毫克/千克，全区无分布。

Ⅱ级　有效硫含量 100.1～200.0 毫克/千克，全区无分布。

Ⅲ级　有效硫含量为 50.1～100 毫克/千克，只有 64.43 亩，主要分布在新荣镇张布袋沟村。

Ⅳ级　有效硫含量在 25.1～50 毫克/千克，全区面积为 418 416.32 亩，占全区总耕地面积 85.34％。广泛分布在全区 7 个乡（镇）。

Ⅴ级　有效硫含量 12.1～25.0 毫克/千克，全区面积为 71 809.45 亩，占全区耕地面积的 14.65％。主要分布在新荣镇、堡子湾、上深涧和西村等乡（镇）。

Ⅵ级　有效硫含量小于等于 12.0 毫克/千克，全区无分布。

新荣区耕地土壤有效硫分级面积见表 4-40。

表 4-40　新荣区耕地土壤有效硫分级面积

	级别	Ⅰ	Ⅱ	Ⅲ	Ⅳ	Ⅴ	Ⅵ
有效硫	面积（亩）	0	0	64.43	418 416.32	71 809.45	0
	百分比（％）	0	0	0.01	85.34	14.65	0

注：表中统计结果依据 2009—2011 年测土配方施肥项目土样化验结果。

第四节　微量元素

土壤微量元素背景值的表达方式以各统计单元养分汇总结果的算术平均值和标准差来表示，分别以单体 Cu、Zn、Mn、Fe、B、Mo 表示。表示单位为毫克/千克。

土壤微量元素参照全省第二次土壤普查的标准，结合本区土壤养分含量状况重新进行划分，各分 6 个级别（表 4-32）。

一、含量与分布

（一）有效铜

新荣区土壤有效铜含量变化范围为 0.44～1.04 毫克/千克，平均值为 0.69 毫克/千克，属四级水平。见表 4-41。

（1）不同行政区域：新荣镇最高，平均值为 0.76 毫克/千克；其次是堡子湾、上深涧乡，平均值为 0.73 毫克/千克；破鲁堡乡最低，平均值为 0.62 毫克/千克。

表 4 - 41 新荣区大田土壤有效铜含量统计

单位：毫克/千克

类　别		平均值	最小值	最大值	标准差	变异系数
行政区域	新荣镇	0.76	0.56	1.04	0.07	0.09
	堡子湾乡	0.73	0.44	0.99	0.09	0.12
	郭家窑乡	0.67	0.42	0.93	0.13	0.19
	破鲁堡乡	0.62	0.48	0.91	0.10	0.16
	上深涧乡	0.73	0.62	0.79	0.04	0.05
	西村乡	0.72	0.46	0.97	0.07	0.10
	花园屯乡	0.65	0.60	0.93	0.05	0.08
土壤类型	山地草甸土	0.67	0.46	0.99	0.13	0.19
	粗骨土	0.68	0.62	0.78	0.06	0.08
	风沙土	0.80	0.70	0.95	0.07	0.09
	栗钙土	0.70	0.42	1.04	0.08	0.12
	石质土	0.68	0.48	0.83	0.08	0.12
	盐土	0.58	0.48	0.72	0.06	0.10
	潮土	0.73	0.54	0.89	0.05	0.07
地形部位	低山丘陵坡地	0.66	0.48	0.91	0.11	0.17
	河漫滩	0.70	0.42	1.04	0.10	0.14
	一级、二级阶地	0.71	0.48	0.97	0.08	0.11
	丘陵低山	0.65	0.60	0.93	0.06	0.09
	低山下部缓坡地段	0.76	0.56	1.04	0.07	0.09

注：表中统计结果依据 2009—2011 年测土配方施肥项目土样化验结果。

（2）不同地形部位：低山下部缓坡地段最高，平均值为 0.76 毫克/千克；其次是一级、二级阶地，平均值为 0.71 毫克/千克；最低是丘陵低山，平均值为 0.65 毫克/千克。

（3）不同土壤类型：风沙土最高，平均值为 0.80 毫克/千克；其次是潮土，平均值为 0.73 毫克/千克；最低是盐土，平均值为 0.58 毫克/千克。

（二）有效锌

新荣区土壤有效锌含量变化范围为 0.37～2.13 毫克/千克，平均值为 0.78 毫克/千克，属四级水平。见表 4 - 42。

（1）不同行政区域：新荣镇最高，平均值为 0.90 毫克/千克；其次是西村乡，平均值为 0.88 毫克/千克；最低是破鲁堡乡，平均值为 0.58 毫克/千克。

（2）不同地形部位：低山下部缓坡地段最高，平均值为 0.90 毫克/千克；最低是低山丘陵坡地，平均值为 0.63 毫克/千克。

（3）不同土壤类型：风沙土最高，平均值为 0.95 毫克/千克；其次是石质土，平均值为 0.83 毫克/千克；最低是盐土，平均值为 0.58 毫克/千克。

表 4－42　新荣区大田土壤有效锌含量统计

单位：毫克/千克

类　　别		平均值	最小值	最大值	标准差	变异系数
行政区域	新荣镇	0.90	0.60	2.13	0.17	0.19
	堡子湾乡	0.83	0.50	1.77	0.17	0.20
	郭家窑乡	0.59	0.37	1.17	0.12	0.20
	破鲁堡乡	0.58	0.41	0.90	0.12	0.20
	上深涧乡	0.75	0.57	0.96	0.08	0.11
	西村乡	0.88	0.44	1.33	0.16	0.19
	花园屯乡	0.84	0.73	1.14	0.10	0.12
土壤类型	山地草甸土	0.71	0.37	1.77	0.20	0.28
	粗骨土	0.81	0.57	1.04	0.12	0.15
	风沙土	0.95	0.64	1.43	0.26	0.27
	栗钙土	0.79	0.38	2.13	0.17	0.21
	石质土	0.83	0.41	1.27	0.14	0.17
	盐土	0.58	0.41	0.67	0.06	0.10
	潮土	0.79	0.57	1.33	0.14	0.18
地形部位	低山丘陵坡地	0.63	0.41	1.73	0.14	0.23
	河漫滩	0.80	0.37	2.13	0.19	0.23
	一级、二级阶地	0.83	0.42	1.27	0.14	0.16
	丘陵低山	0.80	0.64	1.01	0.06	0.07
	低山下部缓坡地段	0.90	0.60	2.13	0.17	0.19

注：表中统计结果依据 2009—2011 年测土配方施肥项目土样化验结果。

（三）有效锰

新荣区土壤有效锰含量变化范围为 3.43～15.0 毫克/千克，平均值为 6.57 毫克/千克，属四级水平。见表 4－43。

表 4－43　新荣区大田土壤有效锰含量统计

单位：毫克/千克

类　　别		平均值	最小值	最大值	标准差	变异系数
行政区域	新荣镇	7.66	5.00	11.00	1.08	0.14
	堡子湾乡	7.54	5.67	15.00	1.25	0.17
	郭家窑乡	6.11	3.96	7.67	0.74	0.12
	破鲁堡乡	5.67	3.43	9.00	0.99	0.17
	上深涧乡	6.04	4.76	7.67	0.52	0.09
	西村乡	6.44	3.70	9.00	0.77	0.12
	花园屯乡	6.38	5.67	7.67	0.28	0.04

（续）

类　别		平均值	最小值	最大值	标准差	变异系数
土壤类型	山地草甸土	6.80	4.76	15.00	1.45	0.21
	粗骨土	6.13	4.49	10.33	0.91	0.15
	风沙土	7.43	5.67	9.00	0.92	0.12
	栗钙土	6.55	3.43	11.00	0.99	0.15
	石质土	6.49	4.76	9.67	0.75	0.12
	盐土	5.81	5.01	6.34	0.31	0.05
	潮土	6.19	4.49	7.67	0.65	0.11
地形部位	低山丘陵坡地	6.10	3.43	9.67	1.16	0.19
	河漫滩	6.79	3.96	15.00	1.14	0.17
	一级、二级阶地	6.81	3.70	10.33	0.94	0.14
	丘陵低山	6.37	5.00	8.34	0.31	0.05
	低山下部缓坡地段	7.66	5.00	11.00	1.08	0.14

注：表中统计结果依据 2009—2011 年测土配方施肥项目土样化验结果。

（1）不同行政区域：新荣镇最高，平均值为 7.66 毫克/千克；其次是堡子湾乡，平均值为 7.54 毫克/千克；最低是破鲁堡乡，平均值为 5.67 毫克/千克。

（2）不同地形部位：低山下部缓坡地段最高，平均值为 7.66 毫克/千克；其次是一级、二级阶地，平均值为 6.81 毫克/千克；最低是低山丘陵坡地，平均值为 6.10 毫克/千克。

（3）不同土壤类型：风沙土最高，平均值为 7.43 毫克/千克；其次是山地草甸土，平均值为 6.8 毫克/千克；最低是盐土，平均值为 5.81 毫克/千克。

（四）有效铁

新荣区土壤有效铁含量变化范围为 2.2～9.7 毫克/千克，平均值为 3.96 毫克/千克，属五级水平。见表 4 - 44。

表 4 - 44　新荣区大田土壤有效铁含量统计

单位：毫克/千克

类　别		平均值	最小值	最大值	标准差	变异系数
行政区域	新荣镇	3.6	2.2	7.0	0.55	0.2
	堡子湾乡	4.3	2.5	9.7	1.01	0.2
	郭家窑乡	3.1	2.2	4.2	0.27	0.1
	破鲁堡乡	3.8	2.7	5.7	1.00	0.3
	上深涧乡	4.3	3.3	5.3	0.44	0.1
	西村乡	4.2	2.4	8.3	0.71	0.2
	花园屯乡	4.1	3.5	5.3	0.18	0

（续）

类 别		平均值	最小值	最大值	标准差	变异系数
土壤类型	山地草甸土	4.0	2.2	8.3	1.0	0.3
	粗骨土	4.1	3.2	6.0	0.5	0.1
	风沙土	4.7	3.5	7.7	1.2	0.3
	栗钙土	3.9	2.2	9.7	0.7	0.2
	石质土	4.0	2.4	6.3	0.6	0.2
	盐土	3.7	2.4	5.3	0.7	0.2
	潮土	4.3	3.0	6.0	0.5	0.1
地形部位	低山丘陵坡地	3.8	2.4	5.7	0.9	0.2
	河漫滩	3.9	2.2	9.7	0.8	0.2
	一级、二级阶地	3.7	2.2	6.3	0.5	0.2
	丘陵低山	4.1	3.2	5.3	0.3	0.1
	低山下部缓坡地段	3.6	2.2	7.0	0.55	0.2

注：表中统计结果依据 2009—2011 年测土配方施肥项目土样化验结果。

（1）不同行政区域：堡子湾、上深涧乡最高，平均值为 4.3 毫克/千克；其次是西村乡，平均值为 4.2 毫克/千克；最低是郭家窑乡，平均值为 3.1 毫克/千克。

（2）不同地形部位：丘陵低山最高，平均值为 4.1 毫克/千克；其次是河漫滩，平均值为 3.9 毫克/千克；最低是低山下部缓坡地带，平均值为 3.6 毫克/千克。

（3）不同土壤类型：风沙土最高，平均值为 4.7 毫克/千克；其次是潮土，平均值为 4.3 毫克/千克；盐土最低，平均值为 3.7 毫克/千克。

二、分级论述

（一）有效铜

Ⅰ级 有效铜含量大于 2.00 毫克/千克，全区无分布。

Ⅱ级 有效铜含量为 1.51～2.00 毫克/千克，全区无分布。

Ⅲ级 有效铜含量为 1.01～1.50 毫克/千克，全区无分布。

Ⅳ级 有效铜含量为 0.51～1.00 毫克/千克，全区面积为 466 582.6 亩，占总区耕地面积 95.17%。广泛分布在全区各乡（镇）。

Ⅴ级 有效铜含量为 0.21～0.50 毫克/千克，全区面积为 23 707.5 亩，占总耕地面积 4.83%。分布乡（镇）以郭家窑乡为主。

Ⅵ级 有效铜含量小于 0.2 毫克/千克，全区无分布。

（二）有效锰

Ⅰ级 有效锰含量大于 30 毫克/千克，全区无分布。

Ⅱ级 有效锰含量为 20.01～30.00 毫克/千克，全区无分布。

Ⅲ级　有效锰含量为 15.01～20.00 毫克/千克，全区面积为 695.1 亩，占总耕地面积的 0.14％。分布主要在堡子湾乡。

Ⅳ级　有效锰含量为 5.01～15.00 毫克/千克，全区面积为 458 534.9 亩，占总耕地面积的 93.54％。广泛分布在全区各乡（镇）。

Ⅴ级　有效锰含量为 1.01～5.00 毫克/千克，全区面积为 31 060.2 亩，占总耕地面积的 6.32％。以破鲁堡乡为主要分布区域。

Ⅵ级　有效锰含量小于 1.00 毫克/千克，全区无分布。

（三）有效锌

Ⅰ级　有效锌含量大于 3.00 毫克/千克，全区无分布。

Ⅱ级　有效锌含量为 1.51～3.00 毫克/千克，全区面积为 3 273.5 亩，占总耕面积的 0.67％。分布于新荣镇和堡子湾 2 个乡（镇）。

Ⅲ级　有效锌含量为 1.01～1.50 毫克/千克，全区面积为 51 284.5 亩，占总耕地面积的 10.46％。分布在以花园屯、西村乡为主，其他乡（镇）零星分布。

Ⅳ级　有效锌含量为 0.51～1.00 毫克/千克，全区面积为 391 653 亩，占总耕地面积的 79.88％。广泛分布在全区各乡（镇）。

Ⅴ级　有效锌含量为 0.31～0.50 毫克/千克，全区面积为 44 079.1 亩，占总耕地面积的 8.99％。分布在破鲁堡、郭家窑等乡（镇）。

Ⅵ级　有效锌含量小于等于 0.30 毫克/千克，全区无分布。

（四）有效铁

Ⅰ级　有效铁含量大于 20.00 毫克/千克，全区无分布。

Ⅱ级　有效铁含量为 15.01～20.00 毫克/千克，全区无分布。

Ⅲ级　有效铁含量为 10.01～15.00 毫克/千克，全区无分布。

Ⅳ级　有效铁含量为 5.01～10.00 毫克/千克，全区面积为 50 084.8 亩，占总耕地面积的 10.22％。主要分布在堡子湾、破鲁堡乡。

Ⅴ级　有效铁含量为 2.51～5.00 毫克/千克，全区面积为 435 099.4 亩，占总耕地面积的 88.74％。广泛分布在全区各乡（镇）。

Ⅵ级　有效铁含量小于等于 2.50 毫克/千克，全区面积为 5 105.9 亩，占总耕地面积的 1.04％。主要分布在郭家窑乡。

第五节　其他理化性状

一、土壤 pH

新荣区耕地土壤 pH 变化范围为 7.89～8.43，平均值为 8.18。见表 4-45。

（1）不同行政区域：西村、堡子湾乡最高，pH 平均值为 8.29；其次是新荣镇，pH 平均值为 8.27；最低是上深涧乡，pH 平均值为 8.07。

（2）不同地形部位：丘陵低山最高，pH 平均值为 8.29；其次是一级、二级阶地，pH 平均值为 8.27；最低是低山丘陵坡地，pH 平均值为 8.14。

（3）不同土壤类型：风沙土最高，pH 平均值为 8.26；最低是山地草甸土、潮土、盐土，pH 平均值为 8.15。

表 4 - 45　新荣区大田土壤 pH 统计

类	别	平均值	最小值	最大值	标准差	变异系数
行政区域	新荣镇	8.27	8.16	8.43	0.04	0.01
	堡子湾乡	8.29	8.12	8.43	0.04	0
	郭家窑乡	8.15	7.92	8.39	0.11	0.01
	破鲁堡乡	8.11	7.89	8.28	0.06	0.01
	上深涧乡	8.07	7.92	8.32	0.07	0.01
	西村乡	8.29	8.12	8.43	0.05	0.01
	花园屯乡	8.10	7.89	8.28	0.08	0.01
土壤类型	山地草甸土	8.15	7.89	8.39	0.14	0.02
	粗骨土	8.16	8.00	8.35	0.10	0.01
	风沙土	8.26	8.12	8.35	0.07	0.01
	栗钙土	8.18	7.89	8.43	0.11	0.01
	石质土	8.17	7.96	8.35	0.11	0.01
	盐土	8.15	7.96	8.28	0.07	0.01
	潮土	8.15	7.92	8.43	0.13	0.02
地形部位	低山丘陵坡地	8.14	7.89	8.35	0.11	0.01
	河漫滩	8.19	7.89	8.43	0.10	0.01
	一级、二级阶地	8.27	8.16	8.43	0.04	0.01
	丘陵低山	8.29	8.12	8.43	0.04	0
	低山下部缓坡地段	8.15	7.92	8.39	0.11	0.01

注：表中统计结果依据 2009—2011 年测土配方施肥项目土样化验结果。

二、耕层质地

土壤质地是土壤的重要物理性状之一，不同的质地对土壤肥力的高低、耕性好坏、生产性能的优劣具有很大影响。

土壤质地亦称土壤机械组成，指不同粒径在土壤中占有的比例组合。根据卡庆斯基质地分类，粒径大于 0.01 毫米为物理性沙粒，小于 0.01 毫米为物理性黏粒。根据其沙黏含量及其比例，主要分为沙土、沙壤、轻壤、中壤、重壤和黏土 6 级。

新荣区耕层土壤质地 98% 以上为轻壤、中壤、沙壤，重壤面积很少，见表 4 - 46。

表 4 - 46　新荣区土壤耕层质地概况

质地类型	耕种土壤（万亩）	占耕种土壤（%）
沙壤	17.40	35.5
轻壤	23.53	48.0
中壤	7.06	14.4
重壤	1.03	2.1
合计	49.03	100

从表 4 - 46 可知，新荣区轻壤面积居首位，占 48%；其次为沙壤、中壤，两者占到全区总耕地面积的 49.9%。其中，中壤或轻壤（俗称绵土）物理性沙粒大于 55%，物理性黏粒小于 45%，沙黏适中，大小孔隙比例适当，通透性好，保水保肥，养分含量丰富，有机质分解快，供肥性好，耕作方便，通耕期早，耕作质量好，发小苗亦发老苗。因此，一般壤质土的水、肥、气、热比较协调，从质地上看，是农业上较为理想的土壤。

沙壤土占新荣区耕地总面积的 35.5%，其物理性沙粒高达 80% 以上。土质较沙，疏松易耕，粒间孔隙度大，通透性好，但保水保肥性能差，抗旱力弱，供肥性差，前劲强后劲弱，发小苗不发老苗。

重壤土占新荣区耕地总面积的 2.1%，土壤物理性黏粒（<0.01 毫米）在 45% 以上。土壤黏重致密，难耕作，易耕期短，保肥性强，养分含量高，但易板结，通透性能差。土体冷凉，坷垃多，不养小苗，易发老苗。

三、土体构型

土体构型是指土壤垂直体中各不同层次的排列组成形式。它对土壤水、肥、气、热等各个肥力因素有制约和调节作用，特别对土壤水、肥储藏与流失有较大影响。因此，良好的土体构型是土壤肥力的基础。

新荣区耕作的土体构型可概分三大类，即通体型、夹层型和薄层型。

1. 通体型　土体深厚，全剖面上下质地基本均匀，在新荣区占有相当大的比例。

（1）通体沙壤型（包括少部分通体沙土型）：分布在洪积扇、倾斜平原及一级阶地上，质地粗糙土壤黏结性差，有机物质分解快，总空隙少，通气不良，土温变化迅速，保供水肥能力较差，因而肥力低。

（2）通体轻壤型：发育于黄土质及黄土状近代河流冲积物母质上，除有较明显的犁底层外，层次很不明显，保供水能力较好，土温变化不大，水、肥、气、热诸因素的关系较为协调。

（3）通体中壤型：发育在红土质、红黄土质及黄土质河流沉积物母质上。除表层因耕作熟化质地变得较为松软外，通体颗粒排列致密紧实。尤其是犁底层坚实明显，耕作比较困难，土温变化小而冷凉，保水保肥能力好但供水供肥能力较差，不利于捉苗和小苗生长。若适当进行掺沙改黏，结合深耕打破犁底层，就会将不利因素变为有利因素。

（4）通体沙砾质型：即通体粗骨型，发育在洪积扇、山地及丘陵上，全剖面以沙砾石为主，占 35％以上。土体中缺乏胶体，土壤黏结性很差，漏水漏肥。有机质分解快，保供水肥能力差，严重影响耕作及作物的生长发育。

2. 夹层型 即土体中间夹有一层较为悬殊的质地，在新荣区有一定量的分布。

（1）浅位夹层型：即在土体内离地表 50 厘米以上、20 厘米之下出现的夹层。

①浅位夹黏型和浅位夹白干型。多分布在黄土状、河流沉积物及灌淤母质上。活土层疏松多孔，有机质转化快，宜耕好种，利于小苗生长。心土层紧实黏重，托水保湿、保肥，但限制作物根系下扎，影响作物生长发育，须结合深耕加厚活土层。

②浅位夹沙砾石型。分布于洪积物母质上。表层土壤利于作物生长，但心土层不仅漏水漏肥，而且限制作物根系下扎，在今后的耕作管理种植上一定要注意。

（2）深位夹层型：即中，距地表 50 厘米以下出现的夹层。

①深位夹黏型和深位夹白干型。多出现在灌淤母质、河流冲积母质及黄土状母质上。这种土体构型表层疏松多孔，有机质转化快，宜耕宜种，有利于作物生长发育；土层质地适中，有利于作物根系下扎、伸展及蓄水保肥；底土层黏重坚实，托水保肥，作物生长后期水、肥供应充足，保证了作物在整个生育期对水、肥、气、热的需要，是新荣区理想的土壤，也称"蒙金型"。

②深位夹砾石型。多分布在洪积物母质上。该土壤土体构型的表层和心土层均利于作物生长发育，但底土层漏水漏肥比较严重。因而，在灌水方面切忌超量灌溉，以防土壤养分随水分渗漏流失。

（3）薄层型：土体厚度一般在 40 厘米左右，是发育于残积母质上的山地土壤。土体内含有不同程度的基岩半风化物——砂砾石，影响耕作及作物生长发育，在新荣区分布面积最小。

四、土壤结构

土壤结构是指土壤颗粒的排列形式、孔隙大小分配性及其稳定程度，它直接关系着土壤水、气、热的协调，土壤微生物的活动，土壤耕性的好坏和作物根系的伸展，是影响土壤肥力的重要因素。

1. 新荣区耕地土壤结构

（1）活土层：即耕作层。该层由于土壤有机质含量不高，团粒结构不明显，大多为屑粒或团块状，其与土壤熟化程度不高有很大关系。

（2）犁底层：由于机械、水力、耕作等作用的影响，活土层下面大都有坚实的犁底层存在。多为片状或鳞状结构，厚约 15 厘米，在很大程度上妨碍通气、透水和根系下扎。

（3）心土层：在犁底层之下，厚 20～30 厘米，多为块状、片状、核状结构。

（4）底土层：指土质剖面中 50 厘米以下的土层。即一般所说的生土层，结构多为块状。

2. 新荣区土壤结构的不良改善主要表现

（1）坷垃：主要表现在耕层质地黏重的红土、红黄土、碱地栗褐土和下湿盐碱地中。这类土块因有机质含量低，土壤耕性差，宜耕期短，耕耙稍有不适时，即形成大小不等的坷垃，影响作物出苗和幼苗生长。

（2）板结：在雨后或灌水后容易发生，其主要原因是轻壤和中壤是土壤质地较细所致，重壤和黏土是土壤中黏粒较多之故，沙壤和沙土是因为土壤中有机质含量低；土壤团聚体不是以有机物为胶结剂，而是以无机物碳酸盐为胶结剂。土壤板结不仅使土壤紧密，影响幼苗出土和生长，而且还影响通气状况，加速水分蒸发。

（3）坚实的犁底层：由于长期人为耕作的影响，在活土层下面形成了厚而坚实的犁底层。阻碍土体内上下层间水、肥、气、热的交流和作物根系的下扎，使根系对水分、养分等的吸收受到了限制，从而导致作物既不耐旱而又容易倒伏，影响作物产量。

为了适应作物生长发育的要求并充分发挥土壤肥力的效应，要求土壤应具有比较适宜的结构状况。即土壤上虚下实，呈小团粒状态，松紧适当，耕性良好。因此，创造良好的土壤结构是夺取高产稳产的重要条件。

五、土壤孔隙状况

土壤孔隙是在土壤形成过程中逐渐发展而来的。它与土壤肥力有极密切的关系，不仅影响土壤的持水能力、通气状况及水分的移动，既调节土体内上下层水、肥、气、热的动态变化和交换，而且还间接地影响土壤中的好气与嫌气细菌的活动，进而影响土壤中有机质的分解率和有效养分的供应。土壤孔隙状况取决于土壤质地和土壤结构。新荣区耕作土壤活土层总孔隙度一般为44%～50%，总的来说比较低。

第六节　耕地土壤属性综述与养分动态变化

一、土壤养分现状分析

1. 耕地土壤属性综述　新荣区 4 600 样点测定结果表明，耕地土壤有机质平均含量为 12.35 克/千克，全氮平均含量为 0.67 克/千克，碱解氮平均含量为 48.4 毫克/千克；全磷平均含量为 0.75 克/千克，有效磷平均含量为 5.51 毫克/千克；全钾平均含量为 18.49 克/千克，缓效钾平均含量为 538 毫克/千克，速效钾平均含量为 77.1 毫克/千克；有效铜平均含量为 0.69 毫克/千克；有效锌平均含量为 0.78 毫克/千克；有效铁平均含量为 3.96 毫克/千克；有效锰平均值为 6.57 毫克/千克；有效硼平均含量为 0.43 毫克/千克；有效钼平均含量为 0.07 毫克/千克；pH 平均值为 8.18；有效硫平均含量为 27.24 毫克/千克。见表 4-47。

表 4-47　新荣区耕地土壤属性总体统计结果

项目	点位数（个）	平均值	最大值	最小值
有机质（克/千克）	4 600	12.35	28.05	7.23
全氮（克/千克）	4 600	0.67	0.89	0.46
碱解氮（毫克/千克）	4 600	48.40	289.00	14.50

（续）

项目	点位数（个）	平均值	最大值	最小值
全磷（克/千克）	172	0.75	1.28	0.38
有效磷（毫克/千克）	4 600	5.51	23.76	1.70
全钾（克/千克）	172	18.49	22.90	14.50
缓效钾（毫克/千克）	4 600	538	860.00	340.00
速效钾（毫克/千克）	4 600	77.10	227.10	44.80
有效铜（毫克/千克）	1 748	0.69	1.04	0.42
有效锌（毫克/千克）	1 748	0.78	2.13	0.37
有效铁（毫克/千克）	1 748	3.96	9.66	2.24
有效锰（毫克/千克）	1 748	6.57	15.00	3.43
有效硼（毫克/千克）	1 748	0.43	1.04	0.01
有效钼（毫克/千克）	1 748	0.07	0.30	0.04
有效硫（毫克/千克）	1 748	27.24	75.00	21.08
pH	4 600	8.18	8.43	7.89

2. 土壤养分分布状况及评价　玉米是新荣区主产作物之一，玉米种植面积约占总耕地面积的15%。针对新荣区主产作物玉米所需的主要养分，根据全区实际情况，制定了有机质、全氮、有效磷、速效钾、有效锌等土壤养分分级评价标准，汇总、统计了这些养分的分布比例和面积，并进行养分评价。

（1）有机质：土壤有机质是土壤肥力的主要物质基础之一，它经过矿质化和腐殖质化两个过程，释放养分供作物吸收利用。有机质含量越高，土壤肥力越高。新荣区根据山西省土壤肥料工作站有机质分级指标进行分级，并汇总了有机质的分布现状。见表4-48。

表4-48　新荣区耕地土壤有机质统计

有机质	指标（克/千克）	平均含量（克/千克）	范围（克/千克）	面积（万亩）	比例（%）
高	≥15	16.5	15.0～30.5	40 666.0	8.3
中	10～15	12.25	10.1～14.9	418 098.0	85.3
低	<10	7.53	0.6～9.9	31 526.1	6.4

从表4-48可以看出，新荣区耕地有机质含量中等以下的占总耕地面积的91%，面积为45.0万亩。提升有机质含量，增加土壤肥力，是增加新荣区农业发展后劲的重中之重。

（2）全氮：土壤中全氮的积累，主要来源于动植物残体、肥料、土壤中微生物固定、大气降水带入土壤中的氮，能被植物利用的是无机态氮，占全氮5%，其余95%是有机态氮，有机态氮慢慢矿化后才能被植物利用。全氮和有机质有一定的相关性。新荣区根据山西省土壤肥料工作站全氮分级指标进行分级，汇总了全氮的分布现状。见表4-49。

表 4-49　新荣区耕地土壤全氮统计

全氮	指标（克/千克）	平均含量（克/千克）	范围（克/千克）	面积（万亩）	比例（%）
高	≥1.0	1.25	1~2	0	0
中	0.5~1.0	0.74	0.50~0.99	488 348.3	99.6
低	<0.5	0.43	0.04~0.50	1 941.8	0.4

从表 4-49 可以看出，新荣区耕地全氮含量都在中等以下，增加土壤氮素，很大程度上依赖于土壤有机质的提升。

（3）碱解氮：新荣区根据新荣区土壤碱解氮分级指标进行了分级汇总。全区耕地碱解氮含量中等以下的占总耕地面积的 98%，面积达 48.2 万亩，见表 4-50。

表 4-50　新荣区耕地土壤碱解氮统计

碱解氮分级	极高	高	中	低	极低
指标（毫克/千克）	>120	100~120	60~100	30~60	<30
面积（亩）	1 597.1	6 284	86 277	333 608	62 524
比例（%）	0.33	1.28	17.60	68.04	12.75

（4）有效磷：土壤有效磷是作物所需的三要素之一，磷对作物的新陈代谢、能量转换、调节酸碱度都起着很重要的作用，还可以促进作物对氮素的吸收。所以，土壤有效磷含量的高低，决定着作物的产量。新荣区根据新荣区土壤有效磷分级指标进行了分级汇总。

新荣区耕地有效磷含量中等以下的占总耕地面积的 96.9%，面积达 46.5 万亩。其中，21.7 万亩有效磷含量极低，占总耕地面积的 44.3%。因此，提升有效磷含量是当务之急。见表 4-51。

表 4-51　新荣区耕地土壤有效磷统计

级别	I	II	III	IV	V	VI
面积（亩）	0	143.69	60.53	14 841.88	258 142.67	217 101.43
比例（%）	0	0.03	0.01	3.03	52.65	44.28

（5）速效钾：土壤速效钾也是作物所需的三要素之一，它是许多酶的活化剂，能促进光合作用、促进蛋白质的合成，能增强作物茎秆的坚韧性、抗倒伏和抗病虫能力，能提高作物的抗旱和抗寒能力。总之，钾是提高作物产量和质量的关键元素。新荣区根据新荣区土壤速效钾分级指标进行了分级汇总。新荣区耕地速效钾含量中等以下的占总耕地面积的 93%，面积达 45.6 万亩。见表 4-52。

表 4-52　新荣区耕地土壤速效钾统计

级别	I	II	III	IV	V	VI
面积（亩）	0	12.09	2 505.5	31 606.08	455 617.73	548.8
比例（%）	0	0	0.51	6.45	92.93	0.11

（6）有效锌：有效锌是调节植物体内氧化还原过程的作用，锌能促进生长素（吲哚乙酸）的合成。所以缺锌时芽和茎中的生长素明显减少，植物生长受阻，叶子变小；锌还能促进光合作用，因为扩散到叶绿体中的碳酸需要以锌做活化剂的碳酸酐酶促进其分解出二氧化碳来参与光合作用，缺锌时叶绿素含量下降，造成白叶或花叶。玉米缺锌易产生叶片失绿，果穗缺粒秃顶，造成玉米产量下降。

新荣区耕地有效锌含量中等以下的占总耕地面积的 89%，面积达 43.5 万亩。玉米施锌是全区增加玉米产量的一项有效措施。见表 4 - 53。

表 4 - 53　新荣区耕地土壤有效锌统计

级别	I	II	III	IV	V	VI
面积（亩）	0	3 273.52	51 284.54	391 653	44 079.14	0
比例（%）	0	0.67	10.46	79.88	8.99	0

二、土壤养分变化趋势分析

随着农业生产的发展及施肥、耕作经营管理水平的变化，耕地土壤有机质及大量元素也随之变化。与 1982 年全国第二次土壤普查时的耕层养分测定结果相比，近 30 年间，土壤有机质增加了 4.1 克/千克，全氮减少了 0.04 克/千克，有效磷减少了 0.7 毫克/千克，速效钾减少了 1 毫克/千克。选取 25 个村养分进行统计，有机质增加的 24 个村，占96%。全氮提高的村庄 16 个，占 64%；减少的村庄 9 个，占 36%。有效磷有 14 个村增加，11 个村减少，分别占 56% 和 44%。速效钾有 14 个村增加，11 个村减少，分别占56% 和 44%。见表 4 - 54 和表 4 - 55。

表 4 - 54　第二次土壤普查与测土配方项目土壤养分比较

项　　　目	有机质 （克/千克）	全氮 （克/千克）	有效磷 （毫克/千克）	速效钾 （毫克/千克）
第二次土壤普查	8.28	0.71	6.2	78
2009—2011 年	12.35	0.67	5.51	77
结果	+4.07	-0.04	-0.69	-1

表 4 - 55　典型村庄第二次土壤普查与测土配方项目养分比较表

村　　庄		有机质 （克/千克）	全氮 （克/千克）	有效磷 （毫克/千克）	速效钾 （毫克/千克）	样本数
镇川	第二次土壤普查	7.23	0.59	12.7	63.25	6
	测土配方施肥	11.07	0.6	3.39	89.94	17
	比较	3.84	0.01	-9.31	26.69	—
花园屯	第二次土壤普查	7.36	2.31	6.44	52.25	12
	测土配方施肥	12.01	0.65	3.6	78.76	33
	比较	4.65	-1.66	-2.84	26.51	—

（续）

村　　庄		有机质 （克/千克）	全氮 （克/千克）	有效磷 （毫克/千克）	速效钾 （毫克/千克）	样本数
马庄	第二次土壤普查	8.39	0.72	10.24	89.91	8
	测土配方施肥	13.75	0.74	3.78	73.71	17
	比较	5.37	0.03	−6.46	−16.21	—
张指挥营	第二次土壤普查	5.87	0.8	7.38	69.3	7
	测土配方施肥	7.7	0.65	5.31	78.22	9
	比较	1.83	−0.14	−2.07	8.92	2
堡子湾	第二次土壤普查	5.4	0.47	3.47	66.4	6
	测土配方施肥	11.75	0.6	6.23	52.96	26
	比较	6.35	0.13	2.77	−13.44	—
胡家窑	第二次土壤普查	8.06	0.49	4.46	71.9	10
	测土配方施肥	14.65	0.65	5.86	64.75	12
	比较	6.59	0.16	1.4	−7.15	—
四道沟	第二次土壤普查	5.66	0.53	5.45	57.38	8
	测土配方施肥	9.22	0.55	2.65	67	11
	比较	3.56	0.02	−2.8	9.63	—
二道沟	第二次土壤普查	5.91	0.42	6.88	73.77	10
	测土配方施肥	10.67	0.62	4.99	60.27	15
	比较	4.76	0.2	−1.89	−13.5	—
智家堡	第二次土壤普查	6.81	0.83	4.9	139.3	15
	测土配方施肥	11.06	0.64	5.44	63.12	17
	比较	4.25	−0.19	0.54	−76.18	—
镇㐀（堡）	第二次土壤普查	7.15	0.61	6.67	71.16	10
	测土配方施肥	11.93	0.68	6.58	82.25	8
	比较	4.78	0.07	−0.09	11.09	—
鸡窝润	第二次土壤普查	6.69	0.65	4.59	70.87	9
	测土配方施肥	12.15	0.75	7.47	99.13	24
	比较	5.46	0.1	2.88	28.26	—
畅家岭	第二次土壤普查	7.9	0.46	5.81	67.46	7
	测土配方施肥	13.21	0.63	7.9	65.4	15
	比较	5.31	0.17	2.09	−2.06	—
七里村	第二次土壤普查	6.86	0.52	2.19	42.64	8
	测土配方施肥	7.81	0.45	4.18	48.93	7
	比较	0.94	−0.07	2	6.3	—
拒墙堡	第二次土壤普查	9.3	0.72	6.72	40.53	9
	测土配方施肥	11.8	0.6	6.09	79.15	39
	比较	2.5	−0.12	−0.63	38.62	—

（续）

村　庄		有机质 （克/千克）	全氮 （克/千克）	有效磷 （毫克/千克）	速效钾 （毫克/千克）	样本数
马厂	第二次土壤普查	4.6	0.34	3	79.5	9
	测土配方施肥	11.37	0.62	6.09	67.59	40
	比较	6.77	0.28	3.09	−11.91	—
光明	第二次土壤普查	6.38	0.63	3.85	59.95	8
	测土配方施肥	12.27	0.62	7.49	84.23	31
	比较	5.9	−0.01	3.64	24.28	—
沙河村 （镇河堡）	第二次土壤普查	6.29	0.43	6.64	68.23	7
	测土配方施肥	12.29	0.61	5.11	72.8	40
	比较	6	0.18	−1.54	4.57	—
五旗	第二次土壤普查	6.36	0.4	3.83	90.38	8
	测土配方施肥	11.71	0.64	6.79	80.7	20
	比较	5.34	0.24	2.97	−9.68	—
西村	第二次土壤普查	7.15	0.55	5.9	41.95	6
	测土配方施肥	18.74	0.66	7.74	67.57	56
	比较	11.59	0.11	1.84	25.62	—
新站	第二次土壤普查	6.79	0.41	4.38	31.2	15
	测土配方施肥	12.69	0.65	7.06	72.37	30
	比较	5.9	0.24	2.68	41.17	—
庙儿湾 （张力窑）	第二次土壤普查	10.24	0.8	14.38	150.7	7
	测土配方施肥	9.03	0.54	2.83	68.67	15
	比较	−1.21	−0.25	−11.56	−82.03	—
东胜庄	第二次土壤普查	10.28	0.79	6.08	157.35	6
	测土配方施肥	11.16	0.66	4.77	80.8	10
	比较	0.88	−0.13	−1.31	−76.55	—
贾什队	第二次土壤普查	12.51	0.47	4.02	72.99	7
	测土配方施肥	13.03	0.73	6.12	76.93	30
	比较	0.51	0.26	2.11	3.95	—
郭家窑	第二次土壤普查	8.3	0.61	3.1	74.79	10
	测土配方施肥	11.61	0.66	4.96	66.87	55
	比较	3.31	0.05	1.86	−7.92	—
上深涧	第二次土壤普查	8.65	0.65	4.55	46.03	17
	测土配方施肥	14.04	0.63	5.87	64.71	35
	比较	5.39	−0.02	1.32	18.68	—

三、结果应用

根据新荣区玉米田不同肥力土壤养分含量丰缺指标，统计出 4 600 个土样每个指标段有机质、全氮等养分所占比例。从有机质、氮、磷、钾统计结果可以看出，有机质、氮、磷、钾等养分含量中等以下的占到 70%～80%，所以培肥地力、用养结合依旧是储备新荣区农业发展后劲的重中之重。同时，玉米对微量元素锌比较敏感，而新荣区将近一半的土壤锌含量偏低，锌的缺乏将会成为提高作物产量的限制因素，应该大力推广玉米锌肥的应用。

经过养分变异来源分析，在增施有机肥的基础上，合理施用氮、磷、钾及微肥，保持土壤养分动态平衡，是提高耕地质量建设的关键措施。而秸秆还田又是培肥土壤，提升土壤有机质的主要技术之一。

第五章　耕地地力评价

第一节　耕地地力分级

一、面积统计

新荣区耕地面积49.03万亩，其中，水浇地2.81万亩，占耕地面积的5.73%；旱地46.22万亩，占耕地面积的94.27%。按照地力等级的划分指标对照分级标准，确定每个评价单元的地力等级，汇总结果见表5-1。

表5-1　新荣区耕地地力统计

地方等级			国家等级		
等级	面积（公顷）	评价指数	等级	面积（公顷）	评价指数
一	70 929.40	0.79~0.85	六	32 738.44	0.81~0.85
二	139 755.74	0.76~0.81	七	45 152.31	0.79~0.81
			八	43 345.24	0.78~0.79
三	163 203.9	0.69~0.76	九	369 054.11	0.35~0.78
四	95 790.61	0.56~0.69			
五	20 610.45	0.35~0.56			

二、地域分布

新荣区耕地主要分布在缓坡丘陵上，东南西北都有分布；其次分布在中低山，由于退耕还林政策的实施，分布在低山的耕地面积大大减少。淤泥河、饮马河、涓子河、万泉河流域的一级、二级阶地及河漫滩上是大面积的耕地分布区域，也是新荣区最好的耕作土壤所在。

新荣区耕地所处地形部位包括：中低山中、下部，丘陵的黄土沟谷、梁、峁、坡、垣等，山间盆地、河流两岸冲积平原上的河漫滩，山前洪积平原，河流一级、二级阶地。

新荣区各乡（镇）不同等级耕地面积统计情况见表5-2。

表5-2　新荣区各乡（镇）不同等级耕地面积统计表

乡（镇）	一级地		二级地		三级地		四级地		五级地		合计
	面积（亩）	百分比（%）	面积（亩）	百分比（%）	面积（亩）	百分比（%）	面积（亩）	百分比（%）	面积（亩）	百分比（%）	（亩）
新荣镇	12 439.61	17.54	9 143.49	6.54	21 938.42	13.44	1 667.83	1.74	0	0	45 189.35
堡子湾乡	20 533.03	28.95	16 154.28	11.56	45 346.52	27.79	16 547.13	17.27	626.74	3.04	99 207.70

乡（镇）	一级地		二级地		三级地		四级地		五级地		合计
	面积（亩）	百分比（%）	面积（亩）	百分比（%）	面积（亩）	百分比（%）	面积（亩）	百分比（%）	面积（亩）	百分比（%）	（亩）
郭家窑乡	27 998.01	39.47	11 041.58	7.9	52 677.35	32.28	2 187.98	2.28	0	0	93 904.92
破鲁堡乡	5 863.32	8.27	30 193.61	21.6	25 579.75	15.67	5 807.79	6.06	1 923.2	9.33	69 367.67
上深涧乡	0	0	0	0	0	0	24 523.76	25.6	11 105.98	53.89	35 629.74
西村乡	4 095.43	5.77	20 091.24	14.38	9 125.76	5.59	20 175.15	21.06	6 673	32.38	60 160.58
花园屯乡	0	0	53 131.40	38.02	8 536.10	5.23	24 880.97	25.97	281.53	1.37	86 830.00
合计	70 929.4	100	139 755.74	100	163 203.90	100	95 790.61	100	20 610.45	100	490 289.96

第二节 耕地地力等级分布

一、一 级 地

（一）面积和分布

本级耕地主要分布在淤泥河、饮马河、涓子河流域一级阶地和二级阶地上，面积为70 929.4亩，占全区总耕地面积的14.47%。郭家窑、破鲁堡、新荣、堡子湾、西村等乡（镇）都有分布，以郭家窑乡、堡子湾乡居多，约占一级地面积的65%。根据与《全国耕地类型区、耕地地力等级划分》的标准比对，相当于国家的六级至七级地。

主要分布于如下地方：郭家窑乡的东胜庄、东张土窑、西张土窑、二队地、杨家场、座堡窑、元营，破鲁堡乡的裴家窑、高向台、吴施窑，新荣镇的新荣、安乐庄、鲁家沟，西村乡的谢家场，堡子湾乡得胜堡、黑土墩、堡子湾、河东窑。

这些地方多是河流两岸，地势平坦，耕作历史久远，农艺水平高，而且有不少地方可以引洪灌溉或自流灌溉，产量高，效益高。是新荣区的蔬菜和高产玉米种植区，也是全区政治、经济、文化和交通的中心。

（二）主要属性

本级耕地海拔1 100~1 200米，土地平坦，地形部位为流域一级阶地和二级阶地；土壤类型主要有洪冲积栗钙土性土、黄土状草甸栗钙土、冲积潮土、洪冲击潮土。

成土母质有黄土状母质、冲积母质、洪积母质，耕层质地为沙壤土、轻壤土、中壤土、轻黏土。质地构型有夹黏轻壤、均质沙壤、壤底沙土、夹沙中壤、均质轻壤、夹黏轻壤、夹壤重壤、夹沙轻壤、夹壤沙壤、夹黏中壤等。

有效土层厚度100~150厘米，耕层厚度为15~25厘米，平均为20厘米；pH的变化范围7.87~8.35，平均值为8.23。地势平坦，水源丰富，水质良好，全区的水浇地主要集中于这一地区，无明显侵蚀，保水保肥，部分地块灌溉保证率为充分满足，园田化水平程度很高。

本级耕地土壤有机质平均含量12.09克/千克，属省四级水平；全氮平均含量为0.64

克/千克，有效磷平均含量为 5.32 毫克/千克，属省五级水平，速效钾平均含量为 75.69 毫克/千克，中量元素有效硫比全区平均含量高，微量元素含量偏低。见表 5-3。

表 5-3　新荣区一级地土壤养分统计

项目	平均值	最大值	最小值	标准差	变异系数
有机质（克/千克）	12.09	16.00	7.98	1.47	0.12
全氮（克/千克）	0.64	0.81	0.48	0.05	0.08
有效磷（毫克/千克）	5.32	13.43	2.52	2.04	0.38
速效钾（毫克/千克）	75.69	117.33	47.93	11.47	0.15
缓效钾（毫克/千克）	556.68	720.58	434.00	54.22	0.10
pH	8.18	8.39	7.92	0.13	0.02
有效硫（毫克/千克）	27.29	40.04	21.08	2.61	0.10
有效锰（毫克/千克）	6.90	15.00	3.96	1.76	0.25
有效铜（毫克/千克）	0.67	0.99	0.48	0.14	0.20
有效锌（毫克/千克）	0.71	1.77	0.41	0.25	0.35
有效铁（毫克/千克）	4.08	9.66	2.24	1.37	0.34

注：2009—2011 年测土配方施肥土样分析结果统计。

本级耕地农作物生产历来水平较高，从农户调查表来看，主要种植玉米、蔬菜、马铃薯等附加值高的经济作物。产量水平平均亩产玉米 450 千克左右，蔬菜平均亩收益 1 500 元以上，效益显著，是新荣区重要的粮食生产基地和蔬菜生产基地。

（三）主要存在问题

一是过量施肥和施肥不足，部分地块化肥用量大，施肥不平衡，氮肥用量大，磷、钾肥相对较少，微量元素肥料被忽视，使得肥料成本增加，有机肥施用不足，引起土壤理化性状不良，土壤板结，出现"投资增加，收入下降"，增产不增收的现象，肥料利用率下降。部分地块还受地广人稀的影响，施用肥料不足，造成土壤肥力下降，陷入越种越贫、越贫越种的怪圈；二是干旱，除少部分耕地能保证灌溉，大部分耕地依然靠天吃饭，一遇干旱，粮食产量便直线下降；三是受盐碱危害，由于所处地形部位较低，排水不畅，土壤水分含量过高，地温低，严重影响作物出苗；四是土壤质地轻，多为轻壤和沙壤，在土体中时有砾石层，存在漏水漏肥现象；五是农资价格的飞速猛长，使农民感到不堪重负，种粮积极性严重受挫，尽管国家有一系列的种粮政策以资鼓励，如减免农业税，提供粮食直补等政策，但仍是杯水车薪，农民的种粮积极性在现实面前开始动摇。六是随着新荣工业发展，在工业化为农村富余劳动力提供就业机会的情况下，同时也对农业发展带来了前所未有的冲击，越来越多的农村劳动力走出去，离开祖祖辈辈赖以生存的土地，使得实际从事农业生产的青壮年劳动力严重不足，也越来越影响了农业生产的发展与农业经济的快速增长。

（四）合理利用

本级耕地在利用上应发挥地理优势和土壤肥力优势，大力发展设施农业，加快蔬菜生产，发展高产玉米、特种经济作物的种植，增加科技投入，提高农产品的附加值，提高耕地的综合生产能力。施肥上应加大有机肥的施用量，控制氮肥用量，增加磷肥、钾肥和微量元素肥料的使用，改进施肥技术，提高肥料利用率；推广节水灌溉技术，如喷灌、水肥一体化技术、小畦灌溉技术等，减少大水漫灌，提高灌溉效益；加大水利设施建设，对破鲁堡乡盆地的盐碱地要通过打小眼机井，井灌井排，控制地下水位，并通过平田整地，化学、农艺措施改良，减轻盐碱危害，逐步变成新荣区设施农业和特色农业生产基地。

二、二 级 地

（一）面积与分布

二级地全区共有面积为 139 755.60 亩，占总耕地面积的 28.50%。根据与《全国耕地类型区、耕地地力等级划分》的标准比对，相当于国家的七级至九级地。

分布在淤泥河、饮马河、涓子河、万泉河流域两岸一级、二级阶地，与一级地交错分布。海拔为 1 200～1 300 米。主要分布在花园屯、破鲁堡、西村 3 个乡（镇），约占全部二级地面积的 70%。其他乡（镇）也有零星分布，但面积都不大。主要分布村庄：花园屯乡的三墩、马河、镇川口、万泉庄、赵彦庄、青羊岭、太平庄、杨窑、苇子湾、花园屯、前井，破鲁堡乡的吴施窑、高向台、裴家窑、破鲁、火石沟、八墩、六墩、水深塘，西村乡的镇河堡、智家堡、和胜庄、户部，堡子湾乡得胜堡、黑土墩、堡子湾、河东窑等村。

二级地主要分布于河流两岸的阶地上和平川旱平地，地力水平比一级地稍差，但在新荣区仍属高产田，也是新荣区的主要粮、菜产区，经济效益相当其他地区要高。农业生产水平和农民科技水平较高，处于全区中上游水平，玉米近 3 年平均亩产 300～350 千克，蔬菜亩收入 1 200 元左右。

（二）主要属性分析

本级耕地地形部位有河流一级、二级阶地、河漫滩、山前洪积平原和部分缓坡丘陵的旱平地。

主要土属类型有红黄土栗钙土性土、洪积栗钙土性土、黄土质栗钙土性土、冲积潮土、洪冲积潮土、轻度盐化潮土。

成土母质有黄土状母质、冲积母质、洪积母质和洪冲积母质。

耕层质地多为沙壤土、轻壤土、中壤土，质地构型以通体壤质、蒙金型为主。

灌溉保证率较低，大部分耕地保证不了灌溉，地面基本平坦，坡度在 2°～5°；但园田化水平高，有效土层厚度为 75～150 厘米，平均为 110 厘米，耕层厚度 17～30 厘米，平均为 22.45 厘米；本级土壤 pH 为 7.95～9.0，平均值 8.38。

本级耕地土壤有机质平均含量 12.09 克/千克，属省四级水平；有效磷平均含量为 5.47 毫克/千克，属省五级水平；速效钾平均含量为 77.70 毫克/千克，属省五级水平；全氮平均含量为 0.68 克/千克，属省五级水平。见表 5 - 4。

表 5 - 4　新荣区二级地土壤养分统计表

项目	平均值	最大值	最小值	标准差	变异系数
有机质（克/千克）	12.09	23.67	7.73	1.63	0.13
全氮（克/千克）	0.68	0.89	0.51	0.05	0.08
有效磷（毫克/千克）	5.47	21.09	1.70	2.02	0.37
速效钾（毫克/千克）	77.70	227.13	44.83	15.37	0.20
缓效钾（毫克/千克）	530.03	860.09	400.80	48.15	0.09
pH	8.16	8.43	7.89	0.11	0.01
有效硫（毫克/千克）	26.94	43.36	21.94	2.02	0.07
有效锰（毫克/千克）	6.55	11.00	3.96	0.93	0.14
有效铜（毫克/千克）	0.67	1.04	0.44	0.09	0.13
有效锌（毫克/千克）	0.80	1.70	0.41	0.17	0.21
有效铁（毫克/千克）	4.00	8.33	2.41	0.66	0.16

注：2009—2011 年测土配方施肥土样分析结果统计。

（三）主要存在问题

本级耕地地处倾斜平原区，以平川旱地、盐碱地、沟湾地为主。存在的主要问题一是土地干旱缺水，灌溉没有保证，园田化程度低，土壤侵蚀严重；二是土壤贫瘠，一直无法走出低投入、低产出的怪圈；三是科技意识淡薄，靠天吃饭的思想仍在延续，种田的科技含量低，施肥不科学，重视化肥，轻视有机肥，重"种地"，轻"养地"。

本级耕地适宜进行耕地综合生产能力建设，在中、低产田培肥方面有极大的挖掘潜力。

（四）合理利用

在农业生产发展中，要大力开展耕地综合能力建设工程，广泛筹集资金，集中力量进行平地整地、增施有机肥、施用土壤改良剂，改善土壤理化性状，修垉打埝、整修田间道路与排水沟，同时应加大小流域治理、大力发展灌溉技术，增加灌溉区的面积等，提高耕地的综合水平。其次要注意用养地相结合，推广测土配方施肥技术，有机肥、化肥、微量元素肥料相结合，促使养分平衡供应，同时，实施保护性农业，推广秸秆还田，增施有机肥，提高土壤有机质含量，改善土壤结构，提高耕地的综合生产能力。

三、三 级 地

（一）面积与分布

主要分布在郭家窑、破鲁堡、堡子湾、新荣、西村等乡（镇）。主要分布村庄：郭家窑乡的北刘窑、北温窑、助马堡、四道沟、粟恒窑、拒门堡、二队窑、郭家窑、半坡店、贾家屯，破鲁堡乡的粟恒窑、山前庄、高向台、东黄土口、碱滩、彭家场，堡子湾乡的刘新庄、拒墙堡、马厂、胡家窑、磨复其湾、李三窑、草汉窑、高家窑、二道沟、靳疙瘩梁，新荣镇的李大头窑、王堂窑、张布袋沟、畔沟、光明、兴胜沟、下甘沟、辛窑，花园屯乡的花园屯、马庄。但以郭家窑乡所占比例最大，为 32.28%；其次为堡子湾、破鲁堡、新荣、花园屯、西村。

本级耕地海拔为 1 200～1 300 米，面积为 163 203.90 亩，占总耕地面积的 33.29％。是新荣区面积最大的一个级别，主要以丘陵坡耕地为主。根据与《全国耕地类型区、耕地地力等级划分》的标准比对，相当于国家的九级地。

（二）主要属性分析

本级耕地位于地形部位中低山下部，丘陵的黄土沟谷、梁、峁、坡等。

主要土壤类型有红黄土栗钙土性土、洪积栗钙土性土、黄土质栗钙土性土。

成本母质有红黄土、原生黄土、黄土状、洪积物及残积母质。

质地构型有均质轻壤、均质沙壤、夹沙轻壤、均质沙土、夹黏轻壤、夹壤重壤等类型。耕层质地以沙壤和轻壤为主。

本级耕地自然条件一般，但耕性良好，质地适中；土层深厚，有效土层厚度为 80～150 厘米，平均在 90 厘米以上；耕层厚度为 15～20 厘米，平均为 16.13 厘米。灌溉保证率基本没有，地面基本平坦，坡度在 5°以下。本级耕地的 pH 变化范围为 7.61～8.5，平均值为 8.18。

本级耕地土壤有机质平均含量 11.95 克/千克，属省四级水平；有效磷平均含量为 5.75 毫克/千克，属省五级水平；速效钾平均含量为 77.91 毫克/千克，属省五级水平；全氮平均含量为 0.66 克/千克，属省五级水平，见表 5-5。

表 5-5　新荣区三级地土壤养分统计

项目	平均值	最大值	最小值	标准差	变异系数
有机质（克/千克）	11.95	17.34	7.98	1.31	0.11
全氮（克/千克）	0.66	0.86	0.46	0.05	0.08
有效磷（毫克/千克）	5.75	23.76	2.25	1.91	0.33
速效钾（毫克/千克）	77.91	196.73	48.96	15.15	0.19
缓效钾（毫克/千克）	541.68	760.44	340.14	56.57	0.10
pH	8.22	8.43	7.89	0.10	0.01
有效硫（毫克/千克）	27.47	75.00	21.08	3.15	0.11
有效锰（毫克/千克）	6.67	13.00	3.43	1.18	0.18
有效铜（毫克/千克）	0.71	0.97	0.42	0.10	0.14
有效锌（毫克/千克）	0.77	2.13	0.37	0.20	0.26
有效铁（毫克/千克）	3.66	8.33	2.41	0.65	0.18

注：2009—2011 年测土配方施肥土样分析结果统计。

本级所在区域，据调查统计，玉米平均亩产在 300 千克以上，杂粮平均亩产 120 千克左右，马铃薯平均亩产 700 千克左右。

（三）主要存在问题

一是人均耕地较多，经营粗放、广种薄收、投入低、产出少；二是土壤养分贫瘠，土壤速效磷含量很低，只有 5.75 毫克/千克，速效钾含量 77 毫克/千克，影响作物的正常生长；三是干旱缺水，此类耕地为资源型缺水，地处丘陵半山区，只能依靠天然降水；四是土壤存在不同程度的水土流失，受风蚀、水蚀的共同危害；五是土体构型不良，表现为沙、黏不均等土体构型，影响作物根系发育和土壤的通透性，表层质地为沙壤的土壤占有一定的比例，土壤保肥保水性不强，限制了作物产量的进一步提高。

（四）合理利用

一是应加大坡耕地的综合治理，平田整地、整修地埂、建设生物埂、控制水土流失，减轻干旱的危害，搞好水土保持，减少土壤侵蚀和养分流失；二是对表层质地较粗、保蓄能力较差的地块，应施入较多的有机肥、泥炭，实施秸秆还田或过腹还田，有条件的地方可进行客土改良，促进土壤结构的改善，增加土壤阳离子代换能力；三是大力推广普及平衡施肥技术和其他农业科学技术，向广大农民讲解先进的栽培技术，如选用优种、科学管理，科学施肥的原理和配方施肥的好处，加强土壤养分测试，根据土壤养分状况，向农民提供科学的施肥配方，推广使用作物专用肥和三元、多元素复合肥；四是积极探索土地流转，充分发挥人均耕地较多的优势，引进大公司和科研单位，将多余的耕地承包出去，既便于农民集约经营，又可提高农民收入；五是推广应用保护性农业技术，少耕深松、草田轮作、免耕覆盖，秸秆还田等，逐渐恢复地力，改善土壤的理化性状，并控制水土流失，减少地表径流，保护农业环境。

四、四　级　地

（一）面积与分布

四级地分布在新荣区花园屯、上深涧、西村、破鲁堡、堡子湾等乡（镇），主要分布于花园屯乡的元墩、姜庄、常胜庄、圪坨、青花、谢士庄、马庄、靳沟窑，上深涧乡的上深涧、下深涧、蔡家窑、施家窑、刘安窑、马家村、后郭家坡，西村乡的西村、东村、甘庄、狮村、夏庄，破鲁堡乡的东旺庄、西旺庄、王屯村，堡子湾乡的拒墙堡、马厂、胡家窑、杨里窑、风嘴梁，其中以西村、上深涧两乡分布最多。面积为 95 790.61 亩，占总耕地面积的 19.54%，占此类耕地的 18.19%。海拔 1 100～1 300 米，大部属低山丘陵的坡耕地、低产梯田、坡梁地、中重度盐碱地。根据与《全国耕地类型区、耕地地力等级划分》的标准比对，相当于国家的九级地。

（二）主要属性分析

该级耕地分布范围较大，土壤类型主要有以下几种：红黄土栗钙土性土、洪积栗钙土性土、黄土质栗钙土性土、中重度盐化潮土。

所处地形部位为：山地的中、下部，丘陵缓坡地段（地面有一定的坡度）的黄土沟谷、梁、峁、坡等。

成土母质有红黄土、黄土、黄土状、洪冲积物等。

耕层质地以沙壤土、轻壤土、轻黏土为主，质地构型以通体壤质较多，其次为壤质下伏杂色泥岩。

有效土层厚度为 50～120 厘米，平均为 90 厘米，耕层厚度平均为 16～30 厘米平均为 16.93 厘米。不具备任何灌溉条件，园田化水平较低。地面坡度幅度在 5°～10°。

本级土壤 pH 为 7.53～8.41，平均为 8.15。耕地土壤有机质平均含量 13.03 克/千克，属省四级水平；有效磷平均含量为 5.41 毫克/千克，属省五级水平；速效钾平均含量为 76.0 毫克/千克，属省五级水平；全氮平均含量为 0.67 克/千克，属省四级水平；有效铁为 4.11 毫克/千克，属省五级水平；有效锌为 0.80 克/千克，属省四级水平；有效锰平均含量为 6.50 毫克/千克，有效硫平均含量为 27.23 毫克/千克。见表 5 - 6。

表 5 - 6　新荣区四级地土壤养分统计表

项目	平均值	最大值	最小值	标准差	变异系数
有机质（克/千克）	13.03	28.05	7.23	2.68	0.21
全氮（克/千克）	0.67	0.83	0.51	0.05	0.08
有效磷（毫克/千克）	5.41	13.76	2.52	1.92	0.35
速效钾（毫克/千克）	76.18	136.93	44.83	12.24	0.16
缓效钾（毫克/千克）	535.46	820.23	417.40	63.78	0.12
pH	8.17	8.39	7.89	0.11	0.01
有效硫（毫克/千克）	27.23	33.40	21.94	1.77	0.06
有效锰（毫克/千克）	6.50	10.33	3.70	0.76	0.12
有效铜（毫克/千克）	0.71	0.97	0.48	0.07	0.10
有效锌（毫克/千克）	0.80	1.43	0.42	0.12	0.15
有效铁（毫克/千克）	4.11	6.00	2.24	0.57	0.14

注：2009—2011 年测土配方施肥土样分析结果统计。

本级耕地种植作物种类主要有玉米、胡麻、谷黍、马铃薯、豆类等，但产量低而不稳。玉米亩产为 250～300 千克、胡麻亩产为 50 千克，谷黍亩产为 100～150 千克，马铃薯亩产为 650 千克，豆类亩产为 50～70 千克。

（三）主要存在问题

一是土壤存在不同程度的水土流失现象，养分易流失，影响土壤培肥；二是干旱，尤其是春天，由于干旱引发播种困难，不能及时播种，作物延迟播种，三是易遇早霜危害，引起减产，甚至绝收；四是耕地整体状况相对较差，地块零碎，耕地坡度较大，即使有部分耕地为梯田，也因年久失修，水土流失严重；五是土体构型不良，部分低山土壤有效土层厚度小于 50 厘米，表层和心土层砾石含量较多，甚至出现砾石层，土壤漏水漏肥，影响土壤的培肥。六是排水不畅、盐碱危害。

（四）合理利用

针对该区土壤的主要障碍因素，一是要因地制宜，分类指导，对较难治理的耕地要退耕还林、还草，草田轮作，用养结合。二是要加大坡耕地的综合治理，平田整地、整修地埂、建设生物埂、控制水土流失。减轻干旱的危害，搞好水土保持，减少土壤侵蚀和养分流失；三是注重土壤培肥，对新修梯田与进行过平田整地的地块进行土壤熟化，亩施硫酸亚铁 50～100 千克，用以熟化土壤，促进土壤营养物质的快速释放，力争动土地块当年不减产；深耕增厚活土层，增施有机肥，提高土壤有机质含量和保蓄水肥的能力，改良土壤理化性状；四是进行科学施肥、测土施肥，改进施肥方法，合理有效施用各种肥料，提高化肥利用率和施肥的经济效益。推广旱作农业技术，免耕少耕、深松中耕、抗旱良种、保水剂等农业新技术的推广与应用。

五、五 级 地

(一)面积与分布

五级地在新荣区耕地中所占比例较少,面积为 20 610.45,占总耕地的 4.20%,根据与《全国耕地类型区、耕地地力等级划分》的标准比对,相当于国家的九级地。

主要分布中低山上、中部及顶部,山的阴坡与山凹地,大部分位于西南部山区的工矿采空区;其次分布在侵蚀严重的丘陵坡地。主要分布于上深涧乡的马家村、后所沟、刘安窑、蔡家窑、北辛窑、前郭家坡、东郭家坡、施家洼,西村的夏庄、新站、白山,破鲁堡乡的王屯;在上深涧乡分布最多,占本类耕地的 75.62%。

(二)主要属性分析

该区域为丘陵山区和中低山上、中部和中低山顶部。

土壤类型主要有以下几种:红黄土栗钙土性土、洪积栗钙土性土、黄土质栗钙土性土、麻沙质中性石质土和沙泥质栗钙土性土。

成土母质有红黄土、黄土、黄土状、坡积物、残积物。

耕层质地有沙壤土、轻壤土、轻黏土 3 种。土壤质地构型有均质沙壤、夹壤沙土、夹黏壤土等。

有效土层厚度在 40~120 厘米,平均为 80 厘米。耕层厚度在 15~20 厘米,平均为 16.93 厘米,地面坡度在 15°以上,pH 为 7.5~8.20,平均值为 8.12。

本级耕地土壤有机质平均含量 12.93 克/千克,属省四级水平,比全区平均水平高 0.58 克/千克;全氮平均含量为 0.66 克/千克,属省五级水平;有效磷平均含量为 5.37 毫克/千克,低于全区平均水平 0.14 毫克/千克,速效钾平均含量为 76.0 毫克/千克;有效硫平均含量 27.65 克/千克;有效锰平均含量为 6.16 克/千克;有效铁平均含量为 4.21 克/千克。见表 5-7。

表 5-7 新荣区五级地土壤养分统计表

项目	平均值	最大值	最小值	标准差	变异系数
有机质(克/千克)	12.93	27.04	7.48	3.18	0.25
全氮(克/千克)	0.66	0.84	0.47	0.06	0.08
有效磷(毫克/千克)	5.37	13.43	2.80	1.89	0.35
速效钾(毫克/千克)	76.00	167.33	49.99	11.49	0.15
缓效钾(毫克/千克)	546.06	760.44	434.00	63.80	0.12
pH	8.14	8.43	7.92	0.13	0.02
有效硫(毫克/千克)	27.65	33.40	21.94	2.00	0.07
有效锰(毫克/千克)	6.16	7.67	4.49	0.64	0.10
有效铜(毫克/千克)	0.72	0.89	0.54	0.06	0.08
有效锌(毫克/千克)	0.79	1.33	0.57	0.14	0.18
有效铁(毫克/千克)	4.21	5.67	3.00	0.49	0.12

注:2009—2011 年测土配方施肥土样分析结果统计。

该级地种植作物以谷黍、马铃薯、豆类、莜麦等杂粮为主等，据调查统计，平均亩产70千克左右。长期以来，产量低不稳，抗拒自然灾害的能力极差，是典型的"靠天吃饭"的耕地。

（三）主要存在问题

总体来说，西南部山区的地块零散，面积小，坡地多，坡度大，土层薄，极易发生水土流失，土壤养分损失严重，带来土壤的贫瘠化。同时也不太适宜大规模的机械化作业。另外，干旱、瘠薄也是本级耕地的最大限制因素。降水稀少且不平衡是农业生产的最大障碍，难以与作物的需水要求相吻合，不能满足作物正常生长的需求。

土壤母质多为残积物与坡积物，质地沙壤、轻壤或轻黏土，保水保肥能力差，无地下水补给，干旱、水土流失是限制作物产量的最大因子。

在农业生产中，由于积温低，无霜期短，作物成熟困难，只能种植一些无霜期短农作物。产量低、效益不高，加上该区域为新荣区采煤区和工矿企业分布区，大量的农民从事采矿和运输业，对农业种植不重视，广种薄收及撂荒现象时有发生。

（四）合理利用

在西南部地广人稀的山区，以提高土壤肥力为中心，种植绿肥牧草、粮草间作、粮草轮作，发展畜牧业，增加有机肥的施用，培肥地力，建设高产稳产农田。对于部分地块零散，不适宜耕作、宜林宜牧的农田进行退耕还林、还草，发展畜牧业，种植生态林。对障碍层次较厚、埋藏浅、又难以改造的地块，丘陵区，或离村较远、地形起伏较大、侵蚀较重的地块，包括沟坡、沟边、沟底等，建议全部实施退耕还林、还牧，或种植中药材及生态林等。以改善生态环境，发种多种农业经营，广开渠道，增加农民收入。

第六章　中低产田类型、分布及改良利用

第一节　中低产田类型、面积与分布

中低产田是指在土壤中存在一种或多种制约农业生产的障碍因素，导致产量相对低而不稳定的耕地。

根据耕作土壤的产量水平和生产潜力，把新荣区耕地划分为高产田、中产田和低产田。新荣区耕地由于多种障碍因素的存在，制约着全区农业生产的发展和耕地生产能力的提高。通过本次对全区耕地地力状况的调查与综合评价，确定新荣区总耕地面积49.03万亩，其中高产田4.39万亩，占全区耕地面积的8.94％；中低产田44.64万亩，占全区耕地面积的91.06％。其形成的主要原因各不相同，往往是诸多因子共同作用的结果，如干旱、土壤侵蚀、盐渍化、沙化、障碍层次等。在本次调查与评价中，根据土壤主导障碍因素及改良利用主攻方向，依据《全国耕地类型区、耕地地力等级划分》的标准，把新荣区中低产田划分为以下4个主要类型：干旱灌溉型、瘠薄培肥型、坡地梯改型和盐碱耕地型。见表6-1。

表6-1　新荣区中低产田各类型面积情况统计

类型	面积（亩）	占耕地总面积（％）	占中低产田（％）
干旱灌溉型	15 251.02	3.11	3.42
瘠薄培肥型	298 282.38	60.84	66.81
坡地梯改型	66 671.93	13.60	14.93
盐碱耕地型	66 236.70	13.51	14.84
合计	446 442.03	91.06	100.00

一、干旱灌溉型

干旱灌溉型（灌溉改良型）是指由于气候条件形成的降水量不足或季节分配不合理，缺少必要的调蓄工程，以及由于地形、土壤原因造成的保水蓄水能力缺陷等原因，在作物生长季节不能满足正常水分需要，同时又具备水资源开发条件，可以通过发展灌溉加以改造的耕地。如地下水源丰富、有地表水源（水库、河流）可补给等，可以通过工程措施打井、修建灌溉系统发展灌溉农业。

新荣区灌溉改良型耕地主要以地形部位及灌溉条件（灌溉保证率小于50％）等指标来作为划分标准。主要分布在山地脚下的洪积扇中、下部，倾斜平原和丘陵平缓处。土壤母质为黄土质母质、冲积物、洪积物、残积物，主要土类为黄土状栗钙土性土、洪积栗钙土性土、部分洪冲积潮土。地下水埋藏不深和可发展自流灌溉的边山峪口处。

新荣区干旱灌溉型中低产田面积1.53万亩，占总耕地面积的3.11％，占中低产田面积的3.42％。

主要分布在郭家窑乡庄窝墩村、穆家坪村、郭家窑村，破鲁堡乡火石沟村，新荣镇光明村，堡子湾乡镇羌村、得胜村等乡村。

二、瘠薄培肥型

瘠薄培肥型是指受气候、地形等难以改变的大环境（干旱、无水源、高寒）影响，以及距离居民居住点远，施肥不足，土壤结构不良，养分含量低，抵御自然灾害能力弱，产量低而不稳。除采取农艺措施外，当前无其他见效快、大幅度提高农作物产量的治本性措施（如发展灌溉），只能通过长期培肥加以逐步改良的耕地。

新荣区瘠薄培肥型耕地主要是以地形部位、土壤侵蚀程度、耕地有机质、全氮、有效磷、有效钾含量、作物平均产量等来划分的，主要分布在丘陵区缓坡地及洪积扇顶部，成土母质为黄土质母质、洪积母质、冲积母质、残积母质。主要土类为黄土质栗钙土性土、红黄土栗钙土性土、泥沙质栗钙土性土、固定草原风沙土等。

瘠薄培肥型耕地面积较大，共有29.83万亩，占总耕地面积的60.84％，占中低产田面积的66.81％。瘠薄培肥型土壤新荣区各乡（镇）都有分布，以黄土丘陵为主，高级阶地上也有部分分布。

三、坡地梯改型

坡地梯改型指地表起伏不平，坡度较大，水土流失严重，必须通过修筑梯田梯埂等田间水保工程加以改良治理的坡耕地。

新荣区坡地梯改型耕地是从低山地区、洪积扇上部，地形坡度大于15°的耕地中划分出来的。主要分布在山前丘陵和山前洪积扇上，土壤母质为黄土质母质、黄土状母质和洪积物。土壤类型为黄土质栗钙土性土，洪积栗钙土性土、红黄土栗钙土性土、沙泥质栗钙土性土。耕层质地为壤质沙土和粉沙质壤土。

新荣区坡地梯改型中低产田现有6.67万亩，占总耕地面积的13.60％，占中低产田面积的14.93％。

坡地梯改型土壤主要分布在西村乡鸡窝涧村，堡子湾乡闫家窑村、李佩沟村，花园屯乡赵彦庄村、张指挥营村；破鲁堡乡也有分布。

四、盐碱耕地型

盐碱耕地型是指由于耕层可溶性盐分含量或碱化度超过限量，影响作物正常生长的多种盐渍化耕地。其主导障碍因素为土壤盐渍化，以及与其相关的地形条件、地下水临界深度、含盐量、碱化度、pH等。

新荣区盐碱耕地型土壤是以耕层土壤水溶性盐分大于0.2％为标准划分的。主要分布在涓子河、淤泥河、饮马河两侧的一级阶地和高河漫滩上，地下水埋藏较浅、水流不畅、矿化度高，春秋季节随土壤水分蒸发，盐分留余地表，形成次生盐渍化土壤。成土母质为洪积物、冲积物等；主要土壤类型为苏打盐化潮土、碱化潮土、硫酸盐氯化物碱化盐土。土壤质地为壤土、黏壤土、粉质壤土、壤质沙土。

新荣区盐碱耕地型耕地面积 6.62 万亩，占总耕地面积的 13.51%，占中低产田面积的 14.84%。

盐碱耕地型耕地主要分布在破鲁堡乡六墩村、东黄土口村、碱滩村、破鲁村，郭家窑乡二队地村、张力窑村、座堡窑村、郭家窑村，堡子湾乡马厂村、拒墙堡村、堡子湾村，新荣镇安乐庄村、新荣村、下甘沟村等乡村。

第二节　生产性能及存在问题

一、干旱灌溉型

新荣区干旱灌溉型中低产田土壤条件较好，土壤质地多为中壤，地力等级为一级至二级，养分含量较高，有机质平均值为 12.31 克/千克，全氮平均值为 0.66 克/千克，有效磷平均值为 5.41 毫克/千克，有效钾平均值为 76.5 毫克/千克。

该类型土壤水资源较为丰富，地势平坦，人口密集，土层深厚，土壤肥沃，光、热、水资源条件较好，有发展灌溉或完善灌溉的条件，只是由于水利工程造价高、投资大，农村经济条件差，暂时难以发展灌溉或因水利灌溉设施管理水平差，遭受人为损害，难以恢复；降水量不足和降水时空分布不均，春旱、伏旱时有发生；施肥水平低，管理粗放，影响了作物产量的提高。所以，目前该类土壤存在的主要问题是灌溉量不足或无灌溉成为主要限制因素。因其生产条件较好，改造潜力很大，对新荣区的粮食丰产起着很大的作用。

二、瘠薄培肥型

新荣区瘠薄培肥型中低产田的主导障碍因素为土壤瘠薄，地力等级为三级至四级，土壤养分特别是有效养分含量低，处于低或者极低的水平。有机质平均值为 10.36 克/千克，全氮平均值为 0.59 克/千克，有效磷平均值为 4.47 毫克/千克，有效钾平均值为 76.88 毫克/千克，都低于全区的平均水平。

存在的主要问题是：土壤肥力较低，土壤瘠薄，施肥水平低，广种薄收，蓄水保肥能力较差，经济落后，交通不便，人少地多，耕作粗放，特别是离村较远的地块，投入少、产出也少，靠天吃饭，有机肥、化肥用量少或不施肥，甚至撂荒经营，经常处于"吃老本"状态，"不种千亩地，难打万斤粮"是对瘠薄培肥型中低产田区农民耕地经营的形象描述。

三、坡地梯改型

新荣区坡地梯改型耕地地处海拔 1 100～1 400 米的丘陵坡地、低山、边山峪口地带，地形坡度大于10°，以中重度侵蚀为主，风蚀、水蚀共同作用，地面支离破碎，面蚀、沟蚀、崩塌随处可见。地力等级多为四级至五级，耕层质地为壤质沙土-粉沙质壤土，耕层厚度为15厘米，耕地土壤有机质平均值为11.62克/千克，全氮平均值为0.65克/千克，有效磷平均值为5.05毫克/千克，有效钾平均值为79.11毫克/千克。

坡地梯改型耕地的主导障碍因素是地表起伏不平，降水少受干旱的危害，多雨季节土壤水的侵蚀严重，肥沃的表土经常被水侵蚀，片状侵蚀、沟状侵蚀随处可见，熟土层经常处于"熟化与丢失"之中，只能维持低水平的农业生产，土壤培肥困难。

四、盐碱耕地型

新荣区盐碱耕地型土壤属次生盐渍化土壤，地力等级多为三级至四级，耕地土壤有机质平均值为11.78克/千克，全氮平均值为0.66克/千克，有效磷平均值为4.67毫克/千克，有效钾平均值为76.89毫克/千克。

目前存在的主要问题是：土壤盐分含量高，盐分含量均大于2克/千克，地下水位高，土壤结构不良，干旱、渍涝等。"湿时一团糟，干时一把刀"是群众对盐碱土的形象说法。含水多，通气不良，特别是春季，耕层土壤盐分浓度高，土温低，种子发芽困难，常出现烂子和有老僵苗现象。

新荣区盐碱耕地属次生盐渍化土壤，它的形成与地下水关系密切，高地下水位和高地下水矿化度是形成盐渍化土壤的内因，蒸发量远远大于降水量的气候条件是形成盐渍化土壤的外因。新荣区盐碱耕地的地下水位一般在3～5米，地下水矿化度为0.5～1.5克/升，地下水流不畅，造成土壤次生盐渍化。新荣区盐碱地的积盐过程具有明显的季节性：雨季盐分随水下移，形成临时脱盐现象；秋季雨水减少盐分逐渐上移，春季干旱多风，蒸发量大，土壤表层的盐分达到最高。盐碱土壤对作物生长的影响程度随着地下水位和土壤盐分含量的降低而减轻，此外，土壤的盐分类型不同对作物生长的影响也不同，苏打危害最重，其次是氯化物，硫酸盐危害最轻。

表6-2　新荣区中低产田各类型土壤养分含量平均值情况统计

类　型	有机质（克/千克）	全氮（克/千克）	有效磷（毫克/千克）	速效钾（毫克/千克）
干旱灌溉型	12.31	0.66	5.41	76.50
瘠薄培肥型	10.36	0.59	4.47	76.88
坡地梯改型	11.62	0.65	5.05	79.11
盐碱耕地型	11.78	0.66	4.67	76.89

第三节　中低产田的改良利用措施

新荣区中低产田面积为44.64万亩，占总耕地面积的91.06%，严重影响着全区农业生产的发展和农业经济效益的提高。但中低产田具有一定的增产潜力，只要扎扎实实地采取有效措施加以改良，便可获得较大的增产效益，也是新荣区农业生产再上新台阶的关键措施。中低产田的改良是一项长期而艰巨的工作，必须进行科学规划、合理安排。针对各类中低产田的主要限制因素，通过工程措施、农艺措施、生物措施、化学改良措施的有机结合，消除或减轻限制因素对土壤肥力的影响，提高耕地基础地力和耕地的生产能力。

中低产田改良利用的指导思想是：以提高耕地土壤肥力和土壤的综合生产能力为中心，以改善土壤环境和土壤理化性状为核心，积极实施改土、蓄水、保肥、节水技术，本着因地制宜，稳步推进的原则，逐步改善农业生产条件，实现经济与生态、社会效益的良性互动，促进新荣区农业生产健康快速的发展。具体措施如下：

1. 增施有机肥　广泛开辟肥源，堆沤肥、秸秆肥、牲畜粪肥、土杂肥一齐上，力争使有机肥的施用量达到每年 2 000～3 000 千克/亩，使土壤有机质得到提高，土壤理化性状得到改善，增强土壤的蓄水保墒能力。

2. 校正施肥　依据当地土壤实际情况和作物需肥规律选用合理配比，有效控制化肥不合理施用对土壤性状的影响，达到提高农产品品质的目的。

（1）科学配比，稳氮增磷：在现有氮肥使用量的基础上，一定注意施肥方法、施肥量和施肥时期，遵循少量多次的原则，适当控制基肥的使用量，增加追肥使用量，改变过去撒施的习惯，向沟施、穴施、集中施转变。有利于提高氮肥利用率，减少损失。新荣区属石灰性土壤，土壤中的磷常被固定，而不能发挥肥效。部分群众至今对磷肥认识不足，重氮轻磷，作物吸收的磷得不到及时补充，应适当增加磷肥用量。力争氮磷使用比例达到1：（0.5～0.7）。

（2）因地制宜，施用钾肥：定期监测土壤中钾的动态变化，及时补充钾素。新荣区土壤中钾的含量虽然在短期内不会成为限制农业生产的主要因素，但一些喜钾作物对钾较为敏感，增施钾肥对增加作物产量和改善品质具有重要作用。近几年，在马铃薯、蔬菜、瓜类使用钾肥都有增产和改善品质的作用。

（3）平衡养分，巧施微肥：作物对微量元素肥料需要量虽然很小，但能提高产品产量和品质，有其他大量元素不可替代的作用。据调查，新荣区土壤锌含量低于山西省平均水平。通过玉米、马铃薯等作物拌种、叶面喷施等方法进行施锌试验，增产效果均很明显，增产幅度均在10％以上。

然而，不同的中低产田类型有其自身的特点，在改良利用中应针对这些特点，采取相应的措施，根据土壤主导障碍因素及主攻方向，新荣区中低产田改造技术有以下几项，现分述如下：

一、干旱灌溉型耕地改造技术

针对新荣区水资源利用较低的现状，为探索农业高效用水新途径，必须坚持分区划片分类指导的原则，将节水与高效农业产业化建设结合起来，促进区域经济与生态环境的协调发展。主要内容包括：

（一）农田基础设施建设

恢复和建立完善的排灌系统，建立合理的水价以及新的水利设施产权制度，搞好以平田整地为中心的农田基本建设，修建防渗渠道、地下管灌输水、水肥一体化等节水设施，通过深耕增施有机肥等农艺措施，改善农田保水、蓄水、供肥能力。合理进行井水灌溉和地表水的利用，充分发挥新荣区地面水和地下水源丰富的优势，发展打井灌溉、提水灌溉，实行节水灌溉，大幅度降低灌溉定额，利用有限的水资源尽量扩大农田灌溉面积，如滴灌技术、渗灌技术、水肥一体化技术、穴灌覆膜技术等，不断扩大耕地的灌溉面积。

（二）农艺节水技术

南瓜、西瓜、玉米等稀植作物，采用穴灌覆膜技术，每亩灌水量只有 1.5～2 吨，是大田漫灌一次灌水量的 1/30，可使旱地增产 50％～70％，已经被越来越多的农民接受；其次，大力推广旱作农业技术，如免耕少耕、镇压保墒、抗旱良种、抗旱制剂、地膜覆盖等。

（三）土壤培肥技术

通过增施有机肥、平衡施肥等措施，大量施用堆肥和厩肥，可以把作物消耗的养分归还于耕地，补充由于耕作生产而消耗的有机质和矿物质养分，促进土壤微生物的活动和土壤结构的改善；合理使用化肥，扩大农田生态系统的物质循环，以肥促水，以水调肥，提高作物水分、养分利用效率。

（四）提高农田作业机械化作业水平

干旱灌溉型耕地地势平坦，耕性适中，适合农业机械化作业。应大力提高耕地、耙糖、播种、中耕、收获的机械化水平，减轻农民的劳动强度，提高耕地的集约化程度，增加农民的种植业收入。同时机深耕、深松，有利于增加耕地的活土层厚度，增加土壤蓄水保墒能力和抗旱能力。

二、瘠薄培肥型耕地的改造技术

（一）广辟肥源，增加有机肥和化肥的投入

"土壤有机质衰竭将导致土壤结构破坏，进而导致降水时水分的入渗和储量减少，进一步使植被的破坏，风蚀、水蚀加剧，生态环境恶化，最终导致产量下降"。新荣区瘠薄培肥型耕地就是因此而形成，所以其改良就必须从提高土壤有机质入手。首先，广泛开辟肥源，堆沤肥、秸秆肥、牲畜粪肥、土杂肥等一齐上，增加有机物质的投入。有机质的提高有利于改善土壤结构，增加土壤阳离子代换能力和土壤保蓄水肥的能力；其次，实行粮草轮作、粮（绿）肥轮作，实施绿肥压青、种养结合。再次，增加化肥投入，合理使用化肥，增加作物产量。

（二）建设基本农田，实行集约经营

对于人少地多的边远山地丘陵区，耕作粗放，广种薄收，土壤极度贫瘠的乡村，在退耕还林、还牧和粮草轮作的基础上，选择土地相对平整、土层较厚、质地适中、土体构型良好的耕地作为基本农田，集中人力、物力、财力，集中较多的有机肥、化肥，进行重点培肥、集约经营，用 3～5 年的时间，使其成为中产田，成为农民的口粮田、饲料田，其他瘠薄型耕地可作为牧草地，逐渐走农牧业相结合的道路，畜牧业的发展，可为基本农田提供更多的有机肥源，促进其肥力的提高。

（三）推广保护性耕作技术及配套技术

保护性耕作具有改善土壤结构，节时省力，减少水土流失和提高作物产量等效果。大力推广少耕、免耕技术、旱地覆膜技术、铺沙覆盖技术，充分利用天然降水，提高作物产量。保护性耕作必须有配套技术相保证，如病虫害的防治技术，秸秆腐熟技术和机械化耕作技术等。

（四）调整种植结构与特色农产品基地建设

充分利用该类土壤无工业污染，土地资源广阔的优势，大力发展具有地域特色的农产品。扩大种植耐瘠薄耐干旱作物，加速小杂粮名优特色基地建设，加快农业产业化步伐，推动新荣区杂粮产业的发展。

三、坡地梯改型耕地改造技术

坡地梯改型耕地的改造技术应从土地的合理利用入手，以恢复植被，适应自然，建立一个合乎自然规律而又比较稳定的生态系统；工程措施与生物措施相结合，治标与治本相结合，做到沟坡兼治，实现经济效益与生态效益的相互统一。该类型土壤的改良主要采取以下措施：

（一）梯田的建设

地面坡度在15°以上的坡耕地要坚决退耕还林、还草，以发展草场和营造生态林，建设成土壤蓄水，水养树草，树草固土的农业生态体系。地面坡度在15°以下的坡地，围绕农田建设，林、草配置，沿等高线隔一定的间距，建设高标准的水平梯田或隔坡梯田，沿梯田田埂上可种植一些灌木，起到固定水土、保护田埂的作用。同时要结合小流域治理工程，打坝造地，在控制水土流失的基础上，逐步将梯田、沟坝地建成基本农田。

（二）加速生土熟化，提高土壤肥力

新建梯田和沟坝地往往将原来的土层结构破坏，生土出露，影响作物生长，只有加快土壤的熟化和培肥才能建成高产稳产田。通过深耕深翻，加速土壤熟化，其深度要求在30厘米以上，增加耕层厚度，营造一个较好的土体构型，广辟肥源；增加有机肥的施用，种植绿肥牧草，粮草轮作，肥田轮作，促进畜牧业的发展，充分发挥雁门关生态畜牧区的优势，增加牲畜粪肥的投入，使有机肥的施用量达到1 500～3 000千克。科学使用化肥，实施平衡施肥，不断改善土壤理化性状，稳步提高作物产量。

（三）加强植被建设，发展林牧基地

对一些边远的劣质耕地、陡坡地实行退耕还林、还草，扩大植被覆盖率，并结合工程措施整治荒山、荒坡、荒沟，营造经济林、薪炭林，解决农村贫困和能源问题。发展畜牧业，改变单一的以种植业为主的农业生产结构，改变过去散养放牧的习惯，对牲畜进行圈养，封山育林育草。农区畜牧业的发展，不仅可提高农民的经济收入，又能为种植业提供更多的有机肥料，实现经济与生态的良性互动。

（四）大力推广集雨补灌技术

结合地形特点，修筑旱井、旱窖等集雨工程，调节降雨季节性分配不匀的问题。对作物进行补充灌溉，增强抵御旱灾的能力，通过引进良种，改进栽培措施，种植耐旱作物豆

类、马铃薯、莜麦等，提高耕地综合生产能力。

四、盐碱耕地型耕地改造技术

盐渍化土壤地势平坦，交通方便，人口密集，耕地缺乏，地下水源丰富，这对于干旱缺水的新荣区来说是十分宝贵的自然资源。盐渍化土壤改良潜力大、效益高，只要改良措施得当，就可使作物产量有大幅度的提高，从低产田达到中产田的标准。尤其近些年大同盆地地下水位普遍下降，为新荣区盐渍化土壤的改良创造了良好条件。

合理开发利用盐碱耕地，是新荣区农业可持续发展的主要途径之一，对改善生态环境、推动区域经济的发展具有十分重要的意义。针对目前新荣区盐碱地的特点，开发利用应遵循以下几条基本原则：①保护与开发利用并重原则，宜开发则开发，不宜开发则应以保护和恢复生态为主；②因地制宜，分区规划，视盐碱程度和具体条件，先易后难，采取不同的措施，充分考虑土壤、植物、水等各种条件；③主动适应盐碱地的特性，立足盐碱环境，充分发挥农业耕作技术、盐生植物的作用，发展盐碱农业。该类型土壤的改良主要采取以下几项措施：

（一）以降低和控制地下水位、增加农田灌溉的水利工程措施

地下水位高是形成盐渍化土壤的主要原因，降低和控制地下水位是盐渍化土壤改造的前提。

（1）井灌井排，上洗下排，是近些年被证明行之有效的技术措施：大同盆地地下水矿化度不是很高，绝大部分可以直接用于灌溉，"盐随水来，盐随水去"，通过灌溉、冲洗、排盐等水利措施达到降低和控制地下水位、调节耕层土壤含盐量的目的。从现有耕地着手，以排灌条件较好的农田为重点，考虑区域水土平衡和水位平衡，有条件的地方，充分利用和改造现有水利工程设施，采用河井双灌、清洪水兼灌，调控地下水位和盆地生态系统的平衡。

（2）进行平田整地，提高灌溉质量，减少大水漫灌和局部积水：春夏之交是盐碱返盐盛期，严重危害作物生长发育，所以应在早春进行适时灌溉，改变土壤水分运动方向，可大大减少土壤返盐。

（3）通过打深井取水，为城市提供了丰富的水源，同时使地下水位下降，为盐碱地的改良、开发和培肥创造条件。

（4）引洪灌溉，洪水中含有较多的腐殖质、养分和淤泥，既可改碱又可肥田，有条件的地方，可引洪水淤灌，改良盐碱地。

（二）以减轻盐分和钠离子危害的化学改良措施

对于盐渍化程度较重的土壤，特别是苏打盐化草甸土、碱化草甸土、苏打盐土等，土壤中钠离子含量多，危害严重，作物难以正常生长，可使用化学改良，如过磷酸钙、石膏、硫酸亚铁、磷矿石、钠离子络合剂、腐殖酸类肥料等，以钙离子代换土壤胶体上的钠离子，降低土壤碱性，消除钠离子的毒害，促进土壤理化性状的改善和土壤肥力的提高。施用化学改良剂后，要进行适当的灌溉冲洗，以淋溶土壤中的可溶性盐分，活化钙离子，加速代换速度，提高改碱效果。从新荣区多年试验来看，以硫酸亚铁、钠离子络合剂等效

果较好。

（三）以增加地面覆盖、促进土壤培肥的农业生物措施

（1）坚持有机肥为主，化肥为辅的方针，增施有机肥不仅可以提高土壤肥力，而且可以改善土壤理化性状。"碱大吃肥，肥大吃碱"，是广大农民长期通过农业措施治理盐碱地的深刻体会。

（2）在施用化肥上，尽量避免使用碱性和生理碱性肥料如碳酸氢铵、钙镁磷肥等，最好多用生理中性和酸性肥料如硫铵、过磷酸钙等。

（3）进行以平田整地为中心的农田基本建设，提高灌溉质量，使灌水深浅一致，水分均匀下渗，提高伏雨淋盐和灌水洗盐的效果，在重度盐碱土上，应先刮去盐斑，再进行平整。

（4）深耕、深松、多中耕有利于提高土壤透气透水性和提高土壤温度，加速土壤脱盐。

（5）推行深播浅盖种植技术，用有机肥料或砂土覆盖种子，增高地温，促进种子尽快出苗，避免烂种。

（6）大力推广地膜覆盖和秸秆粉碎还田技术，减少土壤蒸发，抑制土壤返盐。

（7）种植需水多、耐盐碱的作物，如向日葵、高粱、大麦、甜菜、玉米等作物，可增加灌水次数和灌水量，使土壤水分向下运行，减少土壤返盐，提高盐碱耕地的产量和效益。

（8）种植绿肥、绿肥压青，对土壤十分瘠薄、有机肥比较缺乏的地方，地下水下降后，可先种植绿肥，进行绿肥压青，一是增加土壤的覆盖度，减少水分蒸发，同时绿肥压青能够改善土壤理化性状，培肥土壤，巩固和提高脱盐效果，一般在较重的盐碱地上选种田菁，中度盐碱地上可选择种植圣麻、草木樨、沙打旺、紫花苜蓿等。

（9）植树造林，进行耕地方格林网化、搞好四旁绿化、营造防风林带等，降低风速，增加空气湿度，改善田间小气候，减少地面蒸发，重要的是生物排水，据有关资料介绍，每棵成龄树的年蒸发量是柳树 1 500 千克、杨树 1 400 千克，连片的林带如同"空中排水渠系"，降低地下水位，同时使水分有效均匀地渗入土体，有利于淋洗盐分，淡化水质。

第七章 耕地地力评价与测土配方施肥

第一节 测土配方施肥的原理与方法

一、测土配方施肥的含义

测土配方施肥是以肥料田间试验、土壤测试为基础，根据作物需肥规律、土壤供肥性能和肥料效应，在合理施用有机肥料的基础上，提出氮、磷、钾及中、微量元素等肥料的施用品种、数量、施肥时期和施用方法。通俗地讲，就是在农业科技人员指导下科学施用配方肥。测土配方施肥技术的核心是调整和解决作物需肥与土壤供肥之间的矛盾。同时有针对性地补充作物所需的营养元素，作物缺什么元素就补充什么元素，需要多少补充多少，实现各种养分平衡供应，满足作物的需要。达到增加作物产量、改善农产品品质、节省劳力、节支增收的目的。

二、应用前景

土壤有效养分是作物营养的主要来源，施肥是补充和调节土壤养分数量与补充作物营养最有效手段之一。作物因其种类、品种、生物学特性、气候条件以及农艺措施等诸多因素的影响，其需肥规律差异较大。因此，及时了解不同作物种植土壤中的土壤养分变化情况，对于指导科学施肥具有广阔的发展前景。

测土配方施肥是一项应用性很强的农业科学技术，在农业生产中大力推广应用，对促进农业增效、农民增收具有十分重要的作用。通过测土配方施肥的实施，能达到 5 个目标：一是节肥增产。在合理施用有机肥的基础上，提出合理的化肥投入量，调整养分配比，使作物产量在原有基础上能最大限度地发挥其增产潜能。二是提高产品品质。通过田间试验和土壤养分化验，在掌握土壤供肥状况，优化化肥投入的前提下，科学调控作物所需养分的供应，达到改善农产品品质的目标。三是提高肥效。在准确掌握土壤供肥特性，作物需肥规律和肥料利用率的基础上，合理设计肥料配方，从而达到提高产投比和增加施肥效益的目标。四是培肥改土。实施测土配方施肥必须坚持用地与养地相结合、有机肥与无机肥相结合，在逐年提高作物产量的基础上，不断改善土壤的理化性状，达到培肥和改良土壤，提高土壤肥力和耕地综合生产能力，实现农业可持续发展。五是生态环保。实施测土配方施肥，可有效地控制化肥特别是氮肥的投入量，提高肥料利用率，减少肥料的面源污染，避免因施肥引起的富营养化，实现农业高产和生态环保相协调的目标。

三、测土配方施肥的依据

1. 土壤肥力是决定作物产量的基础 肥力是土壤的基本属性和质的特征，是土壤从养分条件和环境条件方面，供应和协调作物生长的能力。土壤肥力是土壤的物理、化学、生物学性质的反映，是土壤诸多因子共同作用的结果。农业科学家通过大量的田间试验和示踪元素的测定证明，作物产量的构成，有 40%～80% 的养分吸收自土壤。养分吸收自土壤比例的大小和土壤肥力的高低有着密切的关系，土壤肥力越高，作物吸自土壤养分的比例就越大，相反，土壤肥力越低，作物吸自土壤的养分越少，那么肥料的增产效应相对增大，但土壤肥力低绝对产量也低。要提高作物产量，首先要提高土壤肥力，而不是依靠增加肥料。因此，土壤肥力是决定作物产量的基础。

2. 测土配方施肥原则 有机与无机相结合、大中微量元素相配合、用地和养地相结合是测土配方施肥的主要原则，实施配方施肥必须以有机肥为基础，土壤有机质含量是土壤肥力的重要指标。增施有机肥可以增加土壤有机质含量，改善土壤理化生物性状，提高土壤保水保肥性能，增强土壤活性，促进化肥利用率的提高，各种营养元素的配合才能获的高产稳产。要使作物—土壤—肥料形成物质和能量的良性循环，必须坚持用养结合，投入产出相对平衡，保证土壤肥力的逐步提高，达到农业的可持续发展。

3. 测土配方施肥理论依据 测土配方施肥是以养分学说，最小养分律、同等重要律、不可代替律、肥料效应报酬递减律和因子综合作用律等为理论依据，以确定不同养分的施肥总量和肥料配比为主要内容。同时注意良种、田间管护等影响肥效的诸多因素，形成了测土配方施肥的综合资源管理体系。

（1）养分归还学说：作物产量的形成有 40%～80% 的养分来自土壤，但不能把土壤看作一个取之不尽，用之不竭的"养分库"。为保证土壤有足够的养分供应容量和强度，保证土壤养分的携出与输入间的平衡，必须通过施肥这一措施来实现。依靠施肥，可以把作物吸收的养分"归还"土壤，确保土壤肥力。

（2）最小养分律：作物生长发育需要吸收各种养分，但严重影响作物生长，限制作物产量的是土壤中那种相对含量最小的养分因素。也就是最缺的那种养分。如果忽视这个最小养分，即使继续增加其他养分，作物产量也难以提高。只有增加最小养分的量，产量才能相应提高。经济合理的施肥是将作物所缺的各种养分同时按作物所需比例相应提高，作物才会优质高产。

（3）同等重要律：对作物来讲，不论大量元素或微量元素，都是同样重要缺一不可的，即使缺少某一种微量元素，尽管它的需要量很少，仍会影响某种生理功能而导致减产。微量元素和大量元素同等重要，不能因为需要量少而忽略。

（4）不可替代律：作物需要的各种营养元素，在作物体内都有一定的功效，相互之间不能替代，缺少什么营养元素，就必须施用含有该元素的肥料进行补充，不能互相替代。

（5）肥料效应报酬：随着投入的单位劳动和资本量的增加，报酬的增加却在减少，当施肥量超过适量时，作物产量与施肥量之间单位施肥量的增产会呈递减趋势。

（6）因子综合作用律：作物产量的高低是由影响作物生长发育诸因素综合作用的结果，但其中必有一个起主导作用的限制因子，产量在一定程度上受该限制因素的制约。为了充分发挥肥料的增产作用和提高肥料的经济效益，一方面，施肥措施必须与其他农业技术措施相结合，发挥生产体系的综合功能；另一方面，各种养分之间的配合施用，也是提高肥效不可忽视的问题。

四、测土配方施肥确定施肥量的基本方法

1. 土壤与植物测试推荐施肥方法 该技术综合了目标产量法、养分丰缺指标法和作物营养诊断法的优点。对于大田作物，在综合考虑有机肥、作物秸秆应用和管理措施的基础上，根据氮、磷、钾和中、微量元素养分的不同特征，采取不同的养分优化调控与管理策略。其中，氮肥推荐根据土壤供氮状况和作物需氮量，进行实时动态监测和精确调控，包括基肥和追肥的调控；磷、钾肥通过土壤测试和养分平衡进行监控；中、微量元素采用因缺补缺的矫正施肥策略。该技术包括氮素实时监控、磷钾养分恒量监控和中、微量元素养分矫正施肥技术。

（1）氮素实时监控施肥技术：根据不同土壤、不同作物、不同目标产量确定作物需氮量，以需氮量的30%～60%作为基肥用量。具体基施比例根据土壤全氮含量，同时参照当地丰缺指标来确定。一般在全氮含量偏低时，采用需氮量的50%～60%作为基肥；在全氮含量居中时，采用需氮量的40%～50%作为基肥；在全氮含量偏高时，采用需氮量的30%～40%作为基肥。30%～60%基肥比例可根据上述方法确定，并通过"3414"田间试验进行校验，建立当地不同作物的施肥指标体系。有条件的地区可在播种前对0～20厘米土壤无机氮进行监测，调节基肥用量。

土壤无机氮（千克/亩）＝土壤无机氮测试值（毫克/千克）×0.15×校正系数

氮肥追肥用量推荐以作物关键生育期的营养状况诊断或土壤硝态氮的测试为依，这是实现氮肥准确推荐的关键环节，也是控制过量施氮或施氮不足、提高氮肥利用率和减少损失的重要措施。测试项目主要是土壤全氮含量、土壤硝态氮含量或马铃薯拔节期茎基部硝酸盐浓度、玉米最新展开叶叶脉中部硝酸盐浓度，水稻采用叶色卡或叶绿素仪进行叶色诊断。

（2）磷钾养分恒量监控施肥技术：根据土壤有（速）效磷、钾含量水平，以土壤有（速）效磷、钾养分不成为实现目标产量的限制因子为前提，通过土壤测试和养分平衡监控，使土壤有（速）效磷、钾含量保持在一定范围内。对于磷肥，基本思路是根据土壤有效磷测试结果和养分丰缺指标进行分级，当有效磷水平处在中等偏上时，可以将目标产量需要量（只包括带出田块的收获物）的100%～110%作为当季磷肥用量；随着有效磷含量的增加，需要减少磷肥用量，直至不施；随着有效磷的降低，需要适当增加磷肥用量，在极缺磷的土壤上，可以施到需要量的150%～200%。在2～3年后再次测土时，根据土壤有效磷和产量的变化再对磷肥用量进行调整。钾肥首先需要确定施用钾肥是否有效，再参照上面方法确定钾肥用量，但需要考虑有机肥和秸秆还田带入的钾量。一般大田作物磷、钾肥料全部做基肥。

（3）中、微量元素养分矫正施肥技术：中、微量元素养分的含量变幅大，作物对其需要量也各不相同。主要与土壤特性（尤其是母质）、作物种类和产量水平等有关。矫正施肥就是通过土壤测试，评价土壤中、微量元素养分的丰缺状况，进行有针对性的因缺补缺的施肥。

2. 肥料效应函数法 根据"3414"方案田间试验结果建立当地主要作物的肥料效应

函数，直接获得某一区域、某种作物的氮、磷、钾肥料的最佳施用量，为肥料配方和施肥推荐提供依据。

3. 土壤养分丰缺指标法 通过土壤养分测试结果和田间肥效试验结果，建立不同作物、不同区域的土壤养分丰缺指标，提供肥料配方。

土壤养分丰缺指标田间试验也可采用"3414"部分实施方案。"3414"方案中的处理1为空白对照（CK），处理6为全肥区（NPK），处理2、4、8为缺素区（即PK、NK和NP）。收获后计算产量，用缺素区产量占全肥区产量百分数即相对产量的高低来表达土壤养分的丰缺情况。相对产量低于50%的土壤养分为极低；相对产量50%～60%（不含）为低，60%～70%（不含）为较低，70%～80%（不含）为中，80%～90%（不含）为较高，90%（95%）（含）以上为高（也可根据当地实际确定分级指标），从而确定适用于某一区域、某种作物的土壤养分丰缺指标及对应的肥料施用数量。对该区域其他田块，通过土壤养分测试，就可以了解土壤养分的丰缺状况，提出相应的推荐施肥量。

4. 养分平衡法

（1）基本原理与计算方法：根据作物目标产量需肥量与土壤供肥量之差估算施肥量，计算公式为：

$$\text{施肥量（千克/亩）} = \frac{\text{目标产量所需养分总量} - \text{土壤供肥量}}{\text{肥料中养分含量} \times \text{肥料当季利用率}}$$

养分平衡法涉及目标产量、作物需肥量、土壤供肥量、肥料利用率和肥料中有效养分含量五大参数。土壤供肥量即为"3414"方案中处理1的作物养分吸收量。目标产量确定后因土壤供肥量的确定方法不同，形成了地力差减法和土壤有效养分校正系数法两种。

地力差减法是根据作物目标产量与基础产量之差来计算施肥量的一种方法。其计算公式为：

$$\text{施肥量（千克/亩）} = \frac{(\text{目标产量} - \text{基础产量}) \times \text{单位经济产量养分吸收量}}{\text{肥料中养分含量} \times \text{肥料利用率}}$$

基础产量即为"3414"方案中处理1的产量。

土壤有效养分校正系数法是通过测定土壤有效养分含量来计算施肥量。其计算公式为：

$$\text{施肥量（千克/亩）} = \frac{\dfrac{\text{作物单位产量}}{\text{养分吸收量}} \times \text{目标产量} - \text{土壤测试值} \times 0.15 \times \dfrac{\text{土壤有效养分}}{\text{校正系数}}}{\text{肥料中养分含量} \times \text{肥料利用率}}$$

（2）有关参数的确定：

——目标产量 目标产量可采用平均单产法来确定。平均单产法是利用施肥区前三年平均单产和年递增率为基础确定目标产量，其计算公式为：

$$\text{目标产量（千克/亩）} = (1 + \text{递增率}) \times \text{前3年平均单产（千克/亩）}$$

一般粮食作物的递增率为10%～15%，露地蔬菜为20%，设施蔬菜为30%。

——作物需肥量 通过对正常成熟的农作物全株养分的分析，测定各种作物百千克经济产量所需养分量，乘以目标常量即可获得作物需肥量。其计算公式为：

$$\dfrac{\text{作物目标产量}}{\text{所需养分量（千克）}} = \dfrac{\text{目标产量（千克）}}{100} \times \text{百千克产量所需养分量（千克）}$$

——土壤供肥量　土壤供肥量可以通过测定基础产量、土壤有效养分校正系数两种方法估算：

通过基础产量估算（处理 1 产量）：不施肥区作物所吸收的养分量作为土壤供肥量，计算公式为：

$$土壤供肥量（千克）=\frac{不施养分区农作物产量（千克）}{100}×百千克产量所需养分量（千克）$$

通过土壤有效养分校正系数估算：将土壤有效养分测定值乘一个校正系数，以表达土壤"真实"供肥量。该系数称为土壤有效养分校正系数，计算公式为：

$$土壤有效养分校正系数（\%）=\frac{缺素区作物地上部分吸收该元素量（千克/亩）}{该元素土壤测定值（毫克/千克）×0.15}$$

——肥料利用率　一般通过差减法来计算：利用施肥区作物吸收的养分量减去不施肥区农作物吸收的养分量，其差值视为肥料供应的养分量，再除以所用肥料养分量就是肥料利用率。计算公式为：

$$肥料利用率（\%）=\frac{施肥区农作物吸收养分量（千克/亩）-缺素区农作物吸收养分量（千克/亩）}{肥料施用量（千克/亩）×肥料中养分含量（\%）}×100$$

上述公式以计算氮肥利用率为例来进一步说明。

施肥区（NPK 区）农作物吸收养分量（千克/亩）："3414"方案中处理 6 的作物总吸氮量；

缺氮区（PK 区）农作物吸收养分量（千克/亩）："3414"方案中处理 2 的作物总吸氮量；

肥料施用量（千克/亩）：施用的氮肥肥料用量。

肥料中养分含量（％）：施用的氮肥肥料所标明的含氮量。

如果同时使用了不同品种的氮肥，应计算所用的不同氮肥品种的总氮量。

——肥料养分含量　供施肥料包括无机肥料与有机肥料。无机肥料、商品有机肥料含量按其标明量，不明养分含量的有机肥料养分含量可参照当地不同类型有机肥养分平均含量获得。

第二节　测土配方施肥项目技术内容和实施情况

一、样品采集

新荣区 3 年共采集土样 4 600 个，覆盖全区各个行政村所有耕地。采样布点根据区土壤图，做好采样规划，确定采样点位→野外工作带上取样工具（土钻、土袋、调查表、标签、GPS 定位仪等）→联系村对地块熟悉的农户代表→到采样点位选择有代表性地块→GPS 定位仪定位→S 型取样→混样→四分法分样→装袋→填写内外标签→填写土样基本情况表的田间调查部分→访问土样点农户填写土样基本情况表其他内容→土样风干→分析化验。同时根据要求填写 300 个农户施肥情况调查表。3 年累计采样任务是 4 600 个，全部完成。

二、田间调查

3 年来，通过对 300 户施肥效果跟踪调查，田间调查除采样表上所有内容外，还调查了该地块前茬作物、产量、施肥水平和灌水情况。同时定期走访农户，了解基肥和追肥的施用时间、施用种类、施用数量；灌水时间、灌水次数、灌水量。基本摸清该调查户作物产量、氮、磷、钾养分投入量、氮、磷、钾比例、肥料成本及效益。完成了测土配方施肥项目要求的 300 户调查任务。

三、分析化验

土壤和植株测试是测土配方施肥最为重要的技术环节，也是制定肥料配方的重要依据。采集的 4 600 个土壤样品按规定的测试项目进行测试，其中，有机质和大量元素 4 600 个、中微量元素 1 748 个，共测试 62 800 项次；采集植株样品 90 个，完成 450 化验项次，为制定施肥配方和田间试验提供了准确的基础数据。

测试方法简述：

（1）pH：土液比 1∶2.5，采用电位法。

（2）有机质：采用油浴加热重铬酸钾氧化容量法。

（3）全氮：采用凯氏蒸馏法。

（4）碱解氮：采用碱解扩散法。

（5）全磷：采用（选测 10％的样品）氢氧化钠熔融——钼锑抗比色法。

（6）有效磷：采用碳酸氢钠或氟化铵-盐酸浸提——钼锑抗比色法。

（7）全钾：采用氢氧化钠熔融——火焰光度计或原子吸收分光光度计法。

（8）有效钾：采用乙酸铵提取-火焰光度法。

（9）缓效钾：采用硝酸提取-火焰光度法。

（10）有效硫：采用磷酸盐-乙酸或氯化钙浸提——硫酸钡比浊法。

（11）阳离子交换量：采用（选测 10％的样品）EDTA-乙酸铵盐交换法。

（12）有效铜、锌、铁、锰：采用 DTPA 提取-原子吸收光谱法。

（13）有效钼：采用（选测 10％的样品）草酸-草酸铵浸提——极谱法草酸-草酸铵提取、极谱法。

（14）水溶性硼：采用沸水浸提——甲亚胺-H 比色法或姜黄素比色法。

四、田间试验

按照山西省土壤肥料工作站制定的"3414"试验方案，围绕玉米、马铃薯安排"3414"试验 40 个，其中，玉米 20 个，马铃薯"3414"试验 20 个。并严格按农业部测土配方施肥技术规范要求执行。通过试验初步摸清了土壤养分校正系数、土壤供肥量、农作物需肥规律和肥料利用率等基本参数。建立了主要作物的氮磷钾肥料效应模型，确定了作物合理施肥品种和数量，基肥、追肥分配比例，最佳施肥时期和施肥方法，建立了施肥指标体系，为配方设计和施肥指导提供了科学依据。

玉米和马铃薯"3414"试验操作规程如下：

根据新荣区地理位置、肥力水平和产量水平等因素，确定"3414"试验的试验地点→市土肥站农技人员承担试验→马铃薯、玉米播前召开专题培训会→试验地基础土样采集和调查→地块小区规划→不同处理按照方案施肥→播种→生育期和农事活动调查记载→收获期测产调查→小区植株全株采集→小区土样采集→小区产量汇总→室内考种→试验结果分析汇总→撰写试验报告。

五、配方制定与校正试验

在对土样认真分析化验的基础上，组织有关专家，汇总分析土壤测试和田间试验结果，综合考虑土壤类型、土壤质地、种植结构，分析气象资料和作物需肥规律，针对区域内的主要作物，进行优化设计提出不同分区的作物肥料配方，其中主体配方4个，科学拟定了4 600个精准施肥小配方。3年共安排校正试验50个。

六、配方肥加工与推广

依据配方，以单质、复混肥料为原料，生产或配制配方肥。主要采用两种形式，一是通过配方肥定点生产企业按配方加工生产配方肥，建立肥料营销网络和销售台账，向农民供应配方肥；二是农民按照施肥建议卡所需肥料品种，选用肥料，科学施用。新荣区和山西省配方肥定点生产企业天丰公司合作，农业委员会提供肥料配方，天丰公司按照配方生产配方肥，通过区、乡、村三级科技推广网络和30余家定点供肥服务站进行供肥。3年全区推广应用配方肥6 400多吨，配方肥施用面积16万亩。

在配方肥推广上的具体做法是：一是大搞技术宣讲，把测土配方施肥，合理用肥，施用配方肥的优越性讲的家喻户晓，人人明白，并散发有关材料；二是全区建立30个配方肥供应点及3个中心配肥站，由农业委员会统一制作铜牌，挂牌供应；三是马铃薯、玉米播种季节，农委组织全体技术人员，到各配方肥供应点，指导群众合理配肥，合理施用配方肥；四是搞好配方肥的示范，让事实说话，通过以上措施，有效地推动全区配方肥的应用，并取得明显的经济效益。

七、数据库建设与地力评价

在数据库建设上，按照农业部规定的测土配方施肥数据字典格式建立数据库，以第二次土壤普查、耕地地力调查、历年土壤肥料田间试验和土壤监测数据资料为基础，收集整理了本次野外调查、田间试验和分析化验数据，委托山西农业大学资源环境学院建立土壤养分图和测土配方施肥数据库，并进行区域耕地地力评价。同时，开展了田间试验、土壤养分测试、肥料配方、数据处理、专家咨询系统等方面的技术研发工作，不断提升测土配方施肥技术水平。

八、技术推广应用

3年来，制作测土配方施肥建议卡13万份。其中，2009年5万份，2010年5万份，2011年3万份，并发放到户。发放配方施肥建议卡的具体做法是：一是大村、重点村，利用技术宣讲会进行发放；二是利用发放马铃薯、玉米直补款进行发放；三是利用发放良种补助进行发放，确保建议卡全部发放到户。

3年来，我们先后举办培训班145多期次，培训技术骨干1 300人次，培训营销人员80人次，印发宣传资料10万份，培训乡（镇）、村组、农户56 400人次，刷写墙体广告350条，参加科普集会22场，召开现场观摩会两次。

3年累计建立万亩示范片3个，千亩示范片5个。有效地推动了配方肥的应用，取得了增产、节肥、增效良好的经济效益和生态效益。

九、专家系统开发

布置试验、示范，调整改进肥料配方，充实数据库，完善专家咨询系统，探索新荣区主要农作物的测土配方施肥模型，不仅做到缺啥补啥，而且必须保证吃好不浪费，进一步提高肥料利用率，节约肥料，降低成本，满足作物高产优质的需要。

第三节　田间肥效试验及施肥指标体系建立

根据农业部及山西省农业厅测土配肥项目实施方案的安排和省土壤肥料工作站制定的《山西省主要作物"3414"肥料效应田间试验方案》《山西省主要作物测土配方施肥示范方案》所规定标准，为摸清新荣区土壤养分校正系数，土壤供肥能力，不同作物养分吸收量和肥料利用率等基本参数；掌握农作物在不同施肥单元的优化施肥量，施肥时期和施肥方法；构建农作物科学施肥模型，为完善测土配方施肥技术指标体系提供科学依据，从2009年春播起，在大面积实施测土配方施肥的同时，安排实施了各类试验示范，取得了大量的科学试验数据，为下一步的测土配方施肥工作奠定了良好的基础。

一、测土配方施肥田间试验的目的

田间试验是获得各种作物最佳施肥品种、施肥比例、施肥时期、施肥方法的唯一途径，也是筛选、验证土壤养分测试方法、建立施肥指标体系的基本环节。通过田间试验，掌握各个施肥单元不同作物优化施肥数量，基、追肥分配比例，施肥时期和施肥方法；摸清土壤养分较正系数、土壤供肥能力、不同作物养分吸收量和肥料利用率等基本参数；构建作物施肥模型，为施肥分区和肥料配方设计提供依据。

二、测土配方施肥田间试验方案的设计

1. 田间试验方案设计 按照农业部《测土配方施肥技术规范》的要求，以及山西省农业厅土壤肥料工作站《测土配方施肥实施方案》的规定，根据新荣区主栽作物为马铃薯和玉米的实际，采用"3414"方案设计。"3414"的含义是指氮、磷、钾3个因素、4个水平、14个处理。4个水平的含义：0水平指不施肥；2水平指当地推荐施肥量；1水平＝2水平×0.5；3水平＝2水平×1.5（该水平为过量施肥水平）。玉米"3414"试验二水平处理的施肥量（千克/亩），N14、P_2O_5 8、K_2O 8，马铃薯二水平处理的施肥量（千克/亩），N12、P_2O_5 8、K_2O 12，校正试验设配方施肥示范区、常规施肥区、空白对照区3个处理。按照省土肥站示范方案进行，详见表7-1。

表7-1 "3414"完全试验设计方案处理编制

试验编号	处理编码	施肥水平		
		N	P	K
1	$N_0P_0K_0$	0	0	0
2	$N_0P_2K_2$	0	2	2
3	$N_1P_2K_2$	1	2	2
4	$N_2P_0K_2$	2	0	2
5	$N_2P_1K_2$	2	1	2
6	$N_2P_2K_2$	2	2	2
7	$N_2P_3K_2$	2	3	2
8	$N_2P_2K_0$	2	2	0
9	$N_2P_2K_1$	2	2	1
10	$N_2P_2K_3$	2	2	3
11	$N_3P_2K_2$	3	2	2
12	$N_1P_1K_2$	1	1	2
13	$N_1P_2K_1$	1	2	1
14	$N_2P_1K_1$	2	1	1

2. 试验材料 供试肥料分别为尿素（46%），普通过磷酸钙（12%），硫酸钾（52%）。

三、测土配方施肥田间试验设计方案的实施

1. 人员与布局 在新荣区多年耕地土壤肥力动态监测和耕地分等定级的基础上，将全区耕地进行高、中、低肥力区划，确定不同肥力的测土配方施肥试验所在地点，同时在对承担试验的农户科技水平与责任性、地块大小、地块代表性等条件综合考察的基础上，确定试验地块。试验田的田间规划、施肥、播种、浇水以及生育期观察、田间调查、室内考种、收获计产等工作都由专业技术人员严格按照田间试验技术规程进行操作。

新荣区的测土配方施肥"3414"类试验主要在玉米、马铃薯上进行，完全试验不设重复。2009—2011年，3年共完成"3414"完全试验40个。其中，玉米"3414"试验20个，马铃薯"3414"试验20个。安排配方校正试验50个。

2. 试验地选择　试验地选择平坦、整齐、肥力均匀，具有代表性的不同肥力水平的地块；坡地选择坡度平缓、肥力差异较小的田块；试验地避开了道路、堆肥场所等特殊地块。

3. 试验作物品种选择　田间试验选择当地主栽作物品种或拟推广品种。

4. 试验准备　整地、设置保护行、试验地区划；小区应单灌单排，避免串灌串排；试验前采集了土壤样。

5. 测土配方施肥田间试验的记载　田间试验记载的具体内容和要求：

（1）试验地基本情况，包括：

地点：省、市、区、村、邮编、地块名、农户姓名。

定位：经度、纬度、海拔。

土壤类型：土类、亚类、土属、土种。

土壤属性：土体构型、耕层厚度、地形部位及农田建设、侵蚀程度、障碍因素、地下水位等。

（2）试验地土壤、植株养分测试：有机质、全氮、碱解氮、有效磷、有效钾、pH等土壤理化性状，必要时进行植株营养诊断和中微量元素测定等。

（3）气象因素：多年平均及当年分月气温、降水、日照和湿度等气候数据。

（4）前茬情况：作物名称、品种、品种特征、亩产量，以及氮、磷、钾肥和有机肥的用量、价格等。

（5）生产管理信息：灌水、中耕、病虫防治、追肥等。

（6）基本情况记录：品种、品种特性、耕作方式及时间、耕作机具、施肥方式及时间、播种方式及工具等。

（7）生育期记录：主要记录播种期、播种量、平均行距、出苗期、拔节期、抽穗期、灌浆期、成熟期等。

（8）生育指标调查记载：主要调查和室内考种记载：亩株数、株高、穗位高及节位、亩收获穗数、穗长、穗行数、穗粒数、百粒重、小区产量等。

6. 试验操作及质量控制情况　试验田地块的选择严格按方案技术要求进行，同时要求承担试验的农户要有一定的科技素质和较强的责任心，以保证试验田各项技术措施准确到位。

7. 数据分析　田间调查和室内考种所得数据，全部按照肥料效应鉴定田间试验技术规程操作，利用SPSS 17.0、Excel程序和"3414"田间试验设计与数据分析管理系统进行分析。

四、田间试验实施情况

1. 试验情况

（1）"3414"完全试验：共安排40点次，其中，玉米20个，马铃薯20个。试验分别设在1个镇3个村庄。

（2）校正试验：共安排 50 点次，其中，玉米 30 个，马铃薯 20 个。

2. 试验示范效果

（1）3414 完全试验：

①玉米"3414"完全试验。共试验 20 次。综观试验结果，玉米的肥料障碍因子首位的是氮，其次才是磷、钾因子。经过各点试验结果与不同处理进行回归分析，得到三元二次方程 20 个，其相关系数全部达到显著水平。

②马铃薯"3414"完全试验。共试验 20 次。综观试验结果，马铃薯的肥料障碍因子首位的是钾，其次才是氮、磷因子。经过各点试验结果与不同处理进行回归分析，得到三元二次方程 20 个，其相关系数全部达到极显著水平。

（2）校正试验：完成 50 点次，其中玉米 30 个，通过校正试验 3 年玉米平均配方施肥比常规施肥亩增产玉米 21.6 千克，减少不合理施肥折纯 0.3 千克，增产 5.4%，亩增纯收益 46.9 元。马铃薯 20 个，通过校正试验 3 年马铃薯平均配方施肥比常规施肥亩增产马铃薯 88.7 千克，增产 3.75%，亩增纯收益 29.36 元。

五、初步建立了玉米测土配方施肥丰缺指标体系

1. 初步建立了作物需肥量、肥料利用率、土壤养分校正系数等施肥参数

（1）作物需肥量：作物需肥量的确定，首先掌握作物 100 千克经济产量所需的养分量。通过对正常成熟的农作物全株养分分析，可以得出各种作物的 100 千克经济产量所需养分量。新荣区玉米 100 千克产量所需养分量为 N：2.57 千克，P_2O_5：0.86 千克，K_2O：2.14 千克；马铃薯 100 千克产量所需养分量为 N：0.5 千克，P_2O_5：0.2 千克，K_2O：1 千克。计算公式：作物需肥量［目标产量（千克）/100］×100 千克所需养分量（千克）。

（2）土壤供肥量：土壤供肥量可以通过测定基础产量计算：

不施肥区作物所吸收的养分量作为土壤供肥量，计算公式：土壤供肥量＝［不施肥区作物产量（千克）/100 千克产量所需养分量（千克）。

（3）通过土壤养分校正系数计算：将土壤有效养分测定值乘一个校正系数，以表达土壤"真实"的供肥量。

确定土壤养分校正系数的方法是：校正系数＝缺素区作物地上吸收该元素量/该元素土壤测定值 * 0.15。根据这个方法，初步建立了新荣区玉米田不同土壤养分含量下的碱解氮、有效磷、有效钾的校正系数，详见表 7-2。

表 7-2 土壤养分含量及校正系数

碱解氮	含量	<35	35～70	70～130	130～160	>160
	校正系数	>2.0	2.0～1.0	1.0～0.5	0.5～0.3	<0.3
有效磷	含量	<5	5～10	10～20	20～35	>35
	校正系数	>2.1	2.1～1.7	1.7～1.1	1.1～0.5	<0.5
有效钾	含量	<50	50～90	90～140	140～160	>160
	校正系数	>0.8	0.8～0.5	0.5～0.4	0.4～0.3	<0.3

（4）肥料利用率：肥料利用率通过差减法来求出。方法是：利用施肥区作物吸收的养分量减去不施肥区作物吸收的养分量，其差值为肥料供应的养分量，再除以所用肥料养分量就是肥料利用率。根据这个方法，初步提出新荣区尿素 10.1%～24%、普磷 5.5%～16%、硫酸钾 13%～29%。

（5）玉米、马铃薯目标产量的确定方法：利用施肥区前 3 年平均亩产和年递增率为基础确定目标产量，其计算公式为：

目标产量（千克/亩）＝（1＋年递增率）×前 3 年平均单产（千克/亩）。玉米、马铃薯的递增率为 10%～15% 为宜。

（6）施肥方法：最常用的是条施、穴施和全层施。玉米基肥采用条施或撒施深翻或全层施肥；玉米追肥采用条施。

2. 初步建立了玉米丰缺指标体系 通过对各试验点相对产量与土测值的相关分析，按照相对产量达≥95%、90%～95%、75%～90%、50%～75%、<50% 将土壤养分划分为极高、高、中、低、极低 5 个等级，初步建立了"新荣区玉米测土配方施肥丰缺指标体系"。同时，根据"3414"试验结果，采用一元模型对施肥量进行模拟，根据散点图趋势，结合专业背景知识，选用一元二次模型或线性加平台模型推算作物最佳产量施肥量。按照土壤有效养分分级指标进行统计、分析，求平均值及上下限。

（1）玉米碱解氮丰缺指标：由于碱解氮的变化大，建立丰缺指标及确定对应的推荐施肥量难度很大，目前，在实际工作中上应用养分平衡法来进行施肥推荐，见表 7-3。

表 7-3 新荣区玉米碱解氮丰缺指标

等级	相对产量（%）	土壤氮含量（毫克/千克）
极高	>95	>160
高	90～95	130～160
中	75～90	70～130
低	50～75	35～70
极低	<50	<35

（2）玉米有效磷丰缺指标：见表 7-4。

表 7-4 新荣区玉米有效磷丰缺指标

等级	相对产量（%）	土壤磷含量（毫克/千克）
极高	>95	>35
高	90～95	20～35
中	75～90	10～20
低	50～75	5.0～10
极低	<50	<5

（3）玉米有效钾丰缺指标：见表 7-5。

表 7 - 5　新荣区玉米有效钾丰缺指标

等级	相对产量（%）	土壤钾含量（毫克/千克）
极高	>95	>160
高	90～95	140～160
中	75～90	90～140
低	50～75	50～90
极低	<50	<50

第四节　主要作物不同区域测土配方施肥技术

立足新荣区实际情况，根据历年来的玉米、马铃薯产量水平，土壤养分检测结果，田间肥料效应试验结果，同时结合新荣区农田基础和多年来的施肥经验等，制定了玉米、马铃薯配方施肥方案，提出了玉米、马铃薯的主体施肥配方方案，并和配方肥生产企业联合，大力推广应用配方肥，取得了很好的实施效果。

制定施肥配方的原则

（1）施肥数量准确：根据土壤肥力状况、作物营养需求，合理确定不同肥料品种施用数量，满足农作物目标产量的养分需求，防止过量施肥或施肥不足。

（2）施肥结构合理：提倡秸秆还田，增施有机肥料，兼顾中微量元素肥料，做到有机无机相结合，氮、磷、钾养分相均衡，不偏施或少施某一养分。

（3）施用时期适宜：根据不同作物的阶段性营养特征，确定合理的基肥追肥比例和适宜的施肥时期，满足作物养分敏感期和快速生长期等关键时期养分需求。

（4）施用方式恰当：针对不同肥料品种特性、耕作制度和施肥时期，坚持农机农艺结合，选择基肥深施、追肥条施穴施、叶面喷施等施肥方法，减少撒施、表施等。

一、玉米配方施肥总体方案

新荣区历年玉米的种植面积在 6 万亩左右，占全区总耕地面积的 12.3% 以上。玉米产量的高低直接关系到当地农民的收入。

1. 玉米需肥规律

（1）玉米对肥料三要素的需求量：玉米是需肥水较多的高产作物，一般随着产量提高，所需营养元素也在增加。玉米全生育期吸收的主要养分中，以氮为多、钾次之、磷较少。玉米对微量元素尽管需要量少，但也不可忽视，特别是随相关产量水平的提高，施用微量的增产效果更加显著。

综合国内外研究资料，一般每生产 100 千克玉米籽粒，需吸收氮 2.2～4.2 千克，磷 0.5～1.5 千克，钾 1.5～4 千克，肥料三要素的比例约为 3：1：2。新荣区玉米吸收氮、磷、钾分别为 2.57、0.86、2.14。吸收量常受播种季节、土壤肥力、肥料种类和品种特性的影响，据全国多点试验，玉米植株对氮、磷、钾的吸收量常随产量的提高而提高。

（2）玉米各生育期对三要素的需求规律：玉米苗期生长相对较慢，只要施足基肥，就可满足其需要，拔节后到抽雄前，茎叶旺盛生长，内部的生殖器官同时也迅速分化发育，是玉米一生中养分需求最多的时期，必须供应足够的养分，才能达到穗大、粒多、高产的目的；生育后期，籽粒灌浆时间较长，仍需一定量的肥、水，使之不早衰，确保灌浆充分。一般来讲，玉米有两个需肥关键时期，一是拔节到孕穗期；二是抽雄到开花期。玉米对肥料三要素的吸收规律为：

①氮素的吸收。苗期氮素吸收时占总氮量的 2%，拔节期到抽雄开花氮吸收量占总氮量的 51.3%，后期氮的吸收量占总氮量的 46.7%。

②磷素的吸收。苗期吸磷少，约占总磷量的 1%，但相对含量高，是玉米需磷的敏感期；抽雄期吸磷达高峰，占总磷量的 64%，籽粒形成期吸收速度加快，乳熟至蜡熟期达最大值，成熟期吸收速度下降。

③钾素的吸收。钾素的吸收累计量在展三叶期仅占总量的 3%，拔节后抽雄吐丝期达总量的 96%，籽粒形成期钾的吸收处于停止状态。由于钾的外渗、淋失，成熟期钾的总量有降低的趋势。

2. 高产栽培配套技术

（1）品种选择与处理：选用本区常年种植面积较大的"同种 2 号"、"哲单 37"作为骨干品种。种子质量要达国家一级标准，播前须进行包衣处理，以控制苗期蛴螬、蝼蛄等地下害虫的危害。

（2）实行机械播种：确保苗全、苗壮。

（3）病虫害综合防治：按照"预防为主、综合防治"的植保方针，坚持"农业防治、物理防治、生物防治为主，化学防治为辅"的无害化治理原则，提高作物品质和产量。

（4）水分及其他管理：水分管理应重点浇好拔节水、抽雄开花水和灌浆水，出苗水和大喇叭口应视天气和田间土壤水分情况灵活掌握。

大喇叭口期应喷施玉米健壮素一次，以控高促壮，提高光合效率，增加经济产量。

（5）适时收获、增粒重、促高产：春季在力争早播前提下，还须实行适当晚收，以争取较高的粒重和产量，一般情况下应在蜡熟后期收获。

3. 初步建立了玉米测土配方施肥配方方案

（1）淤泥河、饮马河河流两岸的一级阶地高产区：多为水浇地，人口密集、精耕细作，土壤类型以冲积潮土、洪冲积潮土为主（亩产量≥400 千克）。见表 7 - 6。

表 7 - 6　丰缺指标及施肥量（亩产量≥300 千克）

等级	相对产量（%）	土壤氮含量（毫克/千克）	氮肥用量（千克/亩）	
			平均	范围
极高	>95	>160	5.0	0～10.0
高	90～95	130～160	8.0	5.0～10.0
中	75～90	70～100	11.0	10.0～14.0
低	50～75	35～70	12.0	10.0～15.0
极低	<50	<35	12.0	11.0～17.0

（续）

等级	相对产量（%）	土壤磷含量（毫克/千克）	磷肥用量（千克/亩）	
			平均	范围
极高	>95	>35	0	0
高	90～95	20～35	2.0	1～3
中	75～90	10～20	5.0	4.0～9.0
低	50～75	5～10	7.0	5.0～9.0
极低	<50	<5	8.0	7.0～12.0

等级	相对产量（%）	土壤钾含量（毫克/千克）	钾肥用量（千克/亩）	
			平均	范围
极高	>95	>160	1.5	0～4.6
高	90～95	140～160	2.5	1～5
中	75～90	90～140	3.0	1～6
低	50～75	50～90	3.5	2～7
极低	<50	<50	5.0	4～10

（2）淤泥河、饮马河、涓子河河流两岸的一级阶地和二级阶地中产区：多为水浇地或二阴地，施肥耕作水平较高，土壤类型以冲积潮土、洪冲积潮土、轻度盐化潮土和部分黄土状栗钙土为主（亩产量 300～400 千克）。见表 7-7。

表 7-7 丰缺指标及施肥量（亩产量 300～400 千克）

等级	相对产量（%）	土壤氮含量（毫克/千克）	氮肥用量（千克/亩）	
			平均	范围
极高	>95	>160	4.0	0～10.0
高	90～95	130～160	6.0	4.0～9.0
中	75～90	70～100	9.0	7.0～11.0
低	50～75	35～70	11.0	10.0～14.0
极低	<50	<35	11.0	11.0～15.0

等级	相对产量（%）	土壤磷含量（毫克/千克）	磷肥用量（千克/亩）	
			平均	范围
极高	>95	>35	0	0
高	90～95	20～35	0	1～3
中	75～90	10～20	4.0	3.0～8.0
低	50～75	5～10	5.0	4.0～8.5
极低	<50	<5	6.0	4.0～10.0

等级	相对产量（%）	土壤钾含量（毫克/千克）	钾肥用量（千克/亩）	
			平均	范围
极高	>95	>160	0	0
高	90～95	140～160	0	0～1.0
中	75～90	90～140	0	0～1.0
低	50～75	50～90	1	0～2
极低	<50	<50	3	2～5

（3）二级阶地、旱平地低产区：多为旱地，土壤类型以黄土状栗钙土和黄土状栗钙土性土为主（亩产量≤300千克）。见表7-8。

表7-8　丰缺指标及施肥量（亩产量≤300千克）

等级	相对产量（%）	土壤氮含量（毫克/千克）	氮肥用量（千克/亩）	
			平均	范围
极高	>95	>160	3.0	0～8.0
高	90～95	130～160	6.0	4.0～9.0
中	75～90	70～100	8.0	6.0～10.0
低	50～75	35～70	9.0	8.0～12.0
极低	<50	<35	10.0	10.0～14.0

等级	相对产量（%）	土壤磷含量（毫克/千克）	磷肥用量（千克/亩）	
			平均	范围
极高	>95	>35	0	0
高	90～95	20～35	0	1～3
中	75～90	10～20	3.5	2.5～8.0
低	50～75	5～10	4.0	4.0～8.5
极低	<50	<5	5.0	4～10.0

等级	相对产量（%）	土壤钾含量（毫克/千克）	钾肥用量（千克/亩）	
			平均	范围
极高	>95	>160	0	0
高	90～95	140～160	0	0～1.0
中	75～90	90～140	0	0～1.0
低	50～75	50～90	1	0～2
极低	<50	<50	3	2～5

由于碱解氮的变化大，建立丰缺指标及确定对应的推荐施肥量难度很大。目前，我们在实际工作中应用养分平衡法来进行施肥推荐。

总配方方案：

高产区：≥500千克/亩，N-P_2O_5-K_2O为18-13-9千克/亩。

中产区：400～500千克/亩，N-P_2O_5-K_2O为18-7-5千克/亩。

低产区：300～400千克/亩，N-P_2O_5-K_2O为18-7-5千克/亩；≤300千克/亩，N-P_2O_5-K_2O为18-12-0千克/亩或20-5-0千克/亩。

4. 微肥用量的确定　新荣区大面积盐碱地由于土壤pH高，降低了锌的有效性，所以土壤有效性不足，故锌肥的施用量为：盐碱地每亩施用2.4千克硫酸锌。另外，又由于土壤有效锌与有效磷呈反比关系，土壤有效磷较高量，亩施硫酸锌1.5～2千克；土壤有效磷为中时，亩施硫酸锌1～1.5千克；土壤有效磷为低时，亩用0.2%的硫酸锌溶液在苗期连喷2～3次。

二、马铃薯测土配方施肥方案

1. 马铃薯需肥规律

（1）马铃薯对肥料三要素的需求量：每生产 100 千克马铃薯籽粒约需吸收氮素（N）0.5 千克、磷素（P_2O_5）0.2 千克，钾素（K_2O）1.0 千克左右。

（2）马铃薯各生育期对三要素的需求规律：马铃薯整个生育期间，因生育阶段不同，其所需营养物质的种类和数量也不同。幼苗期吸肥量很少，发棵期吸肥量迅速增加，到结薯初期达到最高峰，而后吸肥量急剧下降。各生育期三要素中马铃薯对钾的吸收量最多，其次是氮，磷最少。马铃薯对氮、磷、钾肥的需要量随茎叶和块茎的不断增长而增加。在块茎形成盛期需肥量约占总需肥量的 60%，生长初期与末期约各需总需肥量的 20%。

（3）肥料利用率：利用施肥区作物吸收的养分量减去不施肥区作物吸收的养分量，其差值为肥料供应的养分量，再除以所用肥料养分量就是肥料利用率。根据这个方法，初步提出新荣区尿素利用率为 20%～30%、普磷利用率为 9%～15%、硫酸钾利用率为 40%。

2. 马铃薯施肥方案　马铃薯是新荣区种植区域最广的作物，平川区、丘陵区、山区均可种植，面积在 6 万亩左右，占新荣区耕地面积的 12.3%。施肥方案如下：

（1）产量水平 600 千克以下：马铃薯产量在 600 千克/亩以下的地块，氮肥用量推荐为 3～4 千克/亩，磷肥（P_2O_5）1～2 千克/亩，钾肥（K_2O）1～3 千克/亩。亩施农家肥 1 000 千克以上。

（2）产量水平 600～750 千克：马铃薯产量在 600～750 千克/亩以下的地块，氮肥用量推荐为 3～4 千克/亩，磷肥（P_2O_5）1～2 千克/亩，钾肥（K_2O）2～3.5 千克/亩。亩施农家肥 1 000 千克以上。

（3）产量水平 750～1 000 千克：马铃薯产量在 750～1 000 千克/亩以下的地块，氮肥用量推荐为 4～5 千克/亩，磷肥（P_2O_5）1.5～2.5 千克/亩，钾肥（K_2O）2～4 千克/亩。亩施农家肥 1 000 千克以上。

（4）产量水平 1 000～1 500 千克：马铃薯产量在 1 000～1 500 千克/亩的地块，氮肥用量推荐为 5～7 千克/亩，磷肥（P_2O_5）2～3 千克/亩，钾肥（K_2O）3～4 千克/亩。亩施农家肥 1 000 千克以上。

（5）产量水平 1 500 千克以上：马铃薯产量在 1 500～2 000 千克/亩的地块，氮肥用量推荐为 6～8 千克/亩，磷肥（P_2O_5）3～4 千克/亩，钾肥（K_2O）4～6 千克/亩。亩施农家肥 1 000 千克以上。

3. 马铃薯基肥、种肥和追肥施用方法

（1）基肥：有机肥、钾肥、大部分磷肥和氮肥都应作基肥，磷肥最好和有机肥混合沤制后施用。基肥可以在秋季或春季结合耕地沟施或撒施。

（2）种肥：马铃薯每亩用 3 千克尿素、5 千克普钙混合 100 千克有机肥，播种时条施或穴施于薯块旁，有较好的增产效果。

（3）追肥：马铃薯一般在开花以前进行追肥，早熟品种应提前施用。开花以后不宜追施氮肥，以免造成茎叶徒长，影响养分向块茎的输送，造成减产。可根外喷洒磷钾肥。

三、马铃薯丰产栽培技术

新荣区是栽培马铃薯的农业大县，常年种植面积 5 万亩，占全区耕地面积的 10%。具有海拔高，气候冷凉，光照充足，昼夜温差大，雨热同季，土质疏松等独特的自然环境和立地条件，所生产的马铃薯以其块大、光滑、质优、保鲜期长而畅销全国各地。新荣区发展马铃薯具有得天独厚的优越条件，目前马铃薯生产已经成为全区农民、尤其是山区丘陵贫困地区增产增收的重要产业，也是全区农业产业结构调整中重点发展的农业支柱产业。但传统的种植方式产量和效益都很低，近年来我们研究和探索了马铃薯的高产栽培技术模式，平均亩产 2 410 千克，取得明显的经济效益。

1. 播前准备

（1）选地：选择地势平坦、排灌方便、土层深厚、肥力中上的壤土或沙土，土壤以中性和微碱性为好，尽量避免碱性地块，前茬要求没有种过马铃薯、茄子、番茄等茄科作物。当季要远离前科和开黄花的作物，隔离在 550 米以上。马铃薯种植前要对土地深翻 30 厘米以上，并磨碎耙平，达到细、匀、松、绵，创造肥厚疏松的土壤条件，为马铃薯健康生长提供基础保障。

（2）选种：

①多方收集信息，根据市场容量、价格预期、消费状况以及采购订单等因素选择市场适销对路的加工品种或是鲜食品种。

②根据本地的气候条件和地理条件选择适宜的早、中、晚熟品种。

③选择正规的科研院所或育种单位生产的级别较高的合格脱毒种薯。

（3）选肥：马铃薯是高产喜肥喜钾作物，科学合理的施肥是马铃薯优质高产的关键措施之一。

①施肥原则。按照农家肥和化肥结合，底肥和追肥结合，复合肥和单肥结合，大量元素和微量元素结合的原则实行平衡施肥。根据马铃薯需肥规律、土壤养分供应状况和肥料特点及当季利用率，确定相应的肥料品种，施肥量和施肥方法。

②施肥量的确定。根据目标产量，按每生产 1 000 千克马铃薯块茎需纯氮 5 千克，氮磷钾比例为 1：0.4：1.6 进行施肥，同时每亩施硫酸锌 2 千克，硫酸镁 4 千克。

③施肥方法。在施肥技术上应重施底肥，追施蕾肥，播种前将全部的磷肥和微肥，2/3 的氮肥和钾肥犁沟施及时耙地。预留的 2/3 的氮肥和钾肥在马铃薯现蕾前一次追肥。

2. 播种

（1）种子处理：

①在选用脱毒种薯的基础上，要对种薯进行精选。选择具有本品种特征，薯块整体无病虫害，无冻伤，薯皮光滑，细腻的嫩薯做种薯。

②种薯切块在催芽前或播种前 2～3 天进行，芽块大小 45 克为宜，芽块要切成立块，每块 2～3 个芽眼；切刀要用 75% 的酒精浸液消毒，每切一个薯块消毒一次，防止马铃薯通过切刀交叉感染。

③切好的薯块立即进行拌种，用 72% 的克露 5 千克＋50% 的多菌灵 5 千克＋100 千克

滑石粉，拌 10 000 千克种薯块，拌好后切面干燥即可拌种。

（2）拌种时间和深度：新荣区一般在 4 月下旬至 5 月初土壤 10 厘米地温达到 8℃以上时为拌种适期；拌种深度地面以下 7 厘米，沙壤土可深些，壤土、黏土可浅些。

（3）拌种密度：合理的种植密度是控制马铃薯块茎大小和获得马铃薯优质高产的有效措施。种植密度可按土地养分状况、品种特性、市场需求确定。一般商品薯每亩 3 600 株，行距 90 厘米，株距 20 厘米；其他菜用或全粉加工品种亩留苗 4 500 株，行距 90 厘米，株距 18 厘米。

3. 马铃薯生长与栽培管理

（1）幼苗期：这个时期马铃薯以茎叶生长和根系发育为中心，同时伴随着匍匐茎的形成和伸长以及花芽的分化，需水、肥量不大，但十分敏感，因此要以壮苗促颗为中心，加强中耕除草，提温保墒，改善土壤养分供给状况。

①中耕起垄培土。播种 18 天左右，为了保墒提温和消灭杂草，在掌握好垄向的基础上进行浅中耕起垄，幼苗出齐后结合除草进行中耕起垄，深趟浅培土，以培住第一片单叶为准，垄台尽可能大，为将来块茎膨大创造有利的条件。

②水分、肥料管理。幼苗 18 厘米之前要适度的干旱，18 厘米后要及时喷灌水，保持土壤水分含量为田间最大持水量的 60%～70%，同时将预留的 1/3 的氮肥和钾肥在马铃薯现蕾前一次追肥。

③病害防治。在马铃薯 95% 出苗后使用保护兼治疗药剂-杜邦克露 100 克/亩。

（2）块茎形成期：进入块茎形成期，以地上部茎叶生长为中心转向地上部茎叶生长和地下部块茎形成同时进行阶段，茎顶部开始孕育花蕾，葡萄茎停止生长并顶端开始膨大，马铃薯块茎已具备雏形，这一时期也是决定马铃薯单株接薯数量多少的关键时期。

①水分管理。块茎形成期是需水关键期之一，此期的前期以促为主保持田间最大持水量的 70%～80%，后期以控为主，土壤水分将至田间最大持水量的 60%，否则植株宜徒长，影响马铃薯单株结薯数量。

②化学除草。选用杜邦保成 25% 干悬浮剂 7 克/亩，在杂草 2～4 叶期，进行田间茎叶喷雾施药。

③中耕培土。植株封垄前进行最后一次中耕作业，这次培土要厚，以起到控制植株徒长促进块茎发育的作用。

④病害防治。为有效防止马铃薯环腐病，黑胫病等细菌病及早、晚疫病等真菌病害，可选用既防细菌又防真菌的双保鲜剂杜邦可杀的 30～50 克/亩与杜邦新万生 120 克/亩，间隔 7～10 天，全田交替喷施。

（3）块茎增长期：这个时期马铃薯是块茎体积和重量增长为中心的时期，是决定块茎大小和产量的关键时期，营养物质由建造地上植株茎叶为主转向以建造块茎为主，马铃薯全生育期所形成的干物质总量的 60% 是在这个时期形成的。

①水分管理。此时期是马铃薯一生需水最多也是对水分最敏感的时期，需水量占全生育期水分总量的 50%，要充分保证对水分的需求，土壤水分要持续保持田间最大持水量的 80%～85%。

②病害防治。马铃薯进入花期，一方面生理抗病力到最低点，另一方面生长环境进入

雨季，这种情况下极易发生马铃薯晚、早疫病的流行危害。用耐雨水冲刷、早、晚疫病兼治的杜邦易保 100 克/亩，隔 7 天交替喷施。

（4）淀粉积累期：马铃薯生育后期，茎叶生长停止，马铃薯生长进入淀粉积累期。块茎中 30%～40% 的干物质是在这一时期形成的。此时是决定马铃薯品质好坏的重要时期。这时期栽培管理的中心任务是防止落叶和早衰，尽量延长茎叶绿色体的寿命，增加光合产物，使块茎积累更多的干物质，提高马铃薯的产量和品质。

①水分管理。此时马铃薯需水量不多，保持土壤水在田间最大持水量的 55% 左右，防止土壤板结和土壤过湿，否则易造成块茎开裂，薯皮粗糙，水分过高，品质下降，不耐储存，甚至感染病害，引起烂薯，造成减产。

②病害防治。此时到了病害防治的关键时期，特别是针对晚疫病的防治和治疗尤为重要。用耐雨水冲刷、早晚疫病兼治的杜邦易保 100/亩全田喷施。

（5）成熟、收获期：马铃薯植株地上部茎叶自然干枯，块茎进入休眠状态，这是马铃薯品质最好，产量最高，最耐储藏，应尽早收获，以免冻伤和感染病害。

4. 经济效益　3 年来，经过 90 多户 206 亩马铃薯高产栽培试验、示范，平均亩产 2 410 千克。比传统种植平均亩产 940 千克、亩增产 1 470 千克，亩增收 623 元，取得了明显的季节效益。

第八章　耕地地力评价的应用研究

第一节　耕地资源合理配置研究

一、耕地质量平衡与人口发展配置研究

新荣区地广人稀，85%的耕地分布在山地和丘陵区，耕地综合生产能力普遍较低。2010年有耕地49.03万亩，人口数量10.92万人，人均耕地为4.49亩。从耕地利用形势看，由于全区农业内部产业结构调整，退耕还林，山庄撂荒、公路、乡镇企业基础设施等非农建设占用全区的中高产田，导致中高产田面积逐年减少。从新荣区人民的生存和全区经济可持续发展的高度出发，新荣区现阶段耕地的主要任务是如何提高耕地的综合生产能力，实现全区中高产田总量动态平衡刻不容缓。

实际上，新荣区提高耕地总量仍有很大潜力，只要合理安排，科学规划，统筹利用，就完全可以提高全区耕地的综合生产能力，实现社会经济的全面、持续发展；从控制人口增长，村级内部改造和居民点调整，退宅还田，坡耕地综合治理、盐碱地的综合改良与利用，提高全区耕地的综合生产能力，实现耕地的数量与质量的平衡。

二、耕地地力与粮食生产能力分析

（一）耕地粮食生产能力

耕地生产能力是决定粮食产量的决定因素之一。近年来，由于种植结构调整和建设用地，退耕还林还草等因素的影响，粮食播种面积在不断减少，而人口在不断增加，对粮食的需求量也在增加。保证全区粮食需求，挖掘耕地生产潜力已成为农业生产中的大事。

耕地的生产能力是由土壤本身肥力作用所决定的，其生产能力分为现实生产能力和潜在生产能力。

1. 现实生产能力　新荣区现有耕地面积为49.03万亩，而中低产田就有44.64万亩之多，占总耕地面积的91.06%。其中大部分为旱地。这必然造成全区生产能力偏低的现状。再加之农民对施肥、特别是有机肥的忽视，以及耕作管理措施的粗放，这都是造成耕地现实生产能力不高的原因。2011年，新荣区农作物总播面积36.00万亩。其中，粮食播种面积为30.256万亩，粮食总产量为3.951万吨，平均亩产约131千克/亩；经济作物播种面积3.93万亩，蔬菜播种面积0.775万亩，蔬菜总产量1.978吨。见表8-7。

2010年，新荣区大田土样化验情况如下：pH为8.18，有机质为12.35克/千克，全氮为0.67克/千克，有效磷为5.51毫克/千克，缓效钾为537.99毫克/千克，速效钾为77.08毫克/千克，中微量元素：有效铁为3.96毫克/千克，有效锰为6.57毫克/千克，有效铜为0.69毫克/千克，有效锌为0.78毫克/千克，水溶态硼为0.43毫克/千克，有效

钼为 0.07 毫克/千克，有效硫为 27.24 毫克/千克。

表 8-1　新荣区 2010 年粮食产量统计

种　类	总产量（吨）	平均单产（千克/亩）
粮食总产量	39 510	131
玉米	12 930	221
谷子	1 941	112
豆类	3 342	56
薯类	9 081	155

新荣区耕地总面积 49.03 万亩，其中，水浇地 2.81 万亩，占耕地总面积的 5.7%；旱地 46.22 万亩，占耕地总面积的 94.3%。平川区灌溉条件较好，南山区、丘陵区基本无灌溉条件，总水量的供需不够平衡。

2. 潜在生产能力　生产潜力是指在正常的社会秩序和经济秩序下所能达到的最大产量。从历史的角度和长期的利益来看，耕地的生产潜力是比粮食产量更为重要的粮食安全因素。

新荣区土地资源较为丰富，土壤类型多，但土地综合生产能力不够高。在全区现有耕地中，一级地占总耕地面积的 14.47%，二级地占总耕地面积的 28.50%，三级、四级地占总耕地面积的 52.83%，五级地占 4.20%。这就说明新荣区耕地中，中低产田所占比例较大，而高产与低产田所占比例相对较小。而中低产田就是我们进行耕地地力评价的原因所在，要提高耕地生产水平，挖掘耕地生产潜力，增加农民收入。见表 8-2。

表 8-2　新荣区耕地具体分类情况

本地等级	国家等级	面积（亩）	所耕地比例（%）
一级	五级	70 929.4	14.47
二级	六级	139 755.6	28.50
三级	七级	163 203.9	33.29
四级	八级	95 790.61	19.54
五级	九级	20 610.45	4.20
合　计		490 289.96	100

纵观新荣区近年来的粮食、油料作物、蔬菜的平均亩产量和全区农民对耕地的经营状况，全区耕地还有巨大的生产潜力可挖。如果在农业生产中从提高耕地综合生产能力、加大有机肥的投入，采取平衡施肥措施和科学合理的耕作技术，全区耕地的生产能力还可以提高。从近几年全区对玉米平衡施肥观察点经济效益的对比来看，平衡施肥区较习惯施肥区的增产率都在 20% 左右，甚至更高。如果能进一步提高农业投入比重，提高劳动者素质，下大力气加强农业基础建设，特别是农田水利建设，稳步提高耕地综合生产能力和产出能力，多方位实现农林牧的结合就能增加农民经济收入。

（二）不同时期人口、食品构成粮食需求分析预测

农业是国民经济的基础，粮食是关系国计民生和国家自立与安全的特殊产品。从中华人民共和国成立初期到现在，新荣区人口数量、食品构成和粮食需求都在发生着巨大变化。中华人民共和国成立初期居民食品构成主要以粮食为主，也有少量的肉类食品，水果、蔬菜的比重很小。随着社会进步，生产的发展，人民生活水平逐步提高。到20世纪80年代初，居民食品构成依然以粮食为主，但肉类、禽类、油料、水果、蔬菜等的比重均有了较大提高。到2010年，新荣区人口增至10.49万，居民食品构成中，粮食所占比重明显下降，肉类、禽蛋、水产品、奶制品、油料、水果、蔬菜、食糖却都占有相当比重。

新荣区粮食人均需求按国际通用粮食安全400千克计，全区人口自然增长率以0.6%计，到2020年，共有人口11.3万人，全区粮食需求总量预计将达4.52万吨。因此，人口的增加对粮食的需求产生了极大的影响，也造成了一定的危险。

但新荣区粮食生产还存在着巨大的增长潜力。随着资本、技术、劳动投入、政策、制度等条件的逐步完善，全区粮食的产出与需求平衡，终将成为现实。

（三）粮食安全警戒线

粮食是人类生存和社会发展最重要的产品，是具有战略意义的特殊商品，粮食安全不仅是国民经济持续健康发展的基础，也是社会安定、国家安全的重要组成部分。近年来，世界粮食危机已给一些国家的经济发展和社会安定造成一定不良影响。同时，随着农资价格上涨，农户注重经济作物不重视粮食作物，种粮效益低等因素影响，农民种粮积极性不高，新荣区粮食单产徘徊不前，所以必须对全区的粮食安全问题给予高度重视。

2010年，新荣区的人均粮食占有量为376.64千克，而当前国际公认的粮食安全警戒线标准为年人均400千克。相比之下，两者的差距值得深思。

三、耕地资源合理配置意见

在确保粮食生产安全的前提下，优化耕地资源利用结构，合理配置其他作物占地比例。为确保粮食安全需要，对全区耕地资源进行如下配置：全区现有49.03万亩耕地中，其中30.25万亩用于种植粮食，以满足全区人口粮食需求。其余1.36万亩耕地用于蔬菜、水果、油料等作物生产，其中瓜菜地1.2万亩；药材占地0.05万亩；马铃薯类占地5.86万亩。

根据《土地管理法》和《基本农田保护条例》划定新荣区基本农田保护区，将水利条件、土壤肥力条件好，自然生态条件适宜的耕地划为口粮和国家商品粮生产基地，长期不许占用。在耕地资源利用上，必须坚持基本农田总量平衡的原则。一是建立完善的基本农田保护制度，用法律保护耕地；二是明确各级政府在基本农田保护中的责任，严控占用保护区内耕地，严格控制城乡建设用地；三是实行基本农田损失补偿制度，实行谁占用、谁补偿的原则；四是建立监督检查制度，严厉打击无证经营和乱占耕地的单位和个人；五是建立基本农田保护基金，区政府每年投入一定资金用于基本农田建设，大力挖潜存量土地；六是合理调整用地结构，用市场经营利益导向调控耕地。

同时，在耕地资源配置上，要以粮食生产安全为前提，以农业增效、农民增收的目标，逐步提高耕地质量，调整种植业结构推广优质农产品，应用优质高效，生态安全栽培技术，提高耕地利用率。

第二节 耕地地力建设与土壤改良利用对策

一、耕地地力现状及特点

耕地质量包括耕地地力和土壤环境质量两个方面，经过历时 3 年的调查分析，基本查清了新荣区耕地地力现状与特点。本次调查与评价以构成基础地力要素的立地条件、土壤条件、农田基础设施条件和主要作物玉米、马铃薯等单位面积产量水平等为依据，在全区 140 个行政村，春季播种前，共采集耕地土壤点位 4 600 个。其中，2009 年采样 2 600 个，2010 年采样 1 200 个，2011 年采样 800 个，采样点覆盖了全区 49.03 万亩的耕地。

通过对新荣区土壤养分含量的分析得知：全区土壤以壤质土为主，耕地土壤有机质平均含量为 12.35 克/千克，属省四级水平；全氮平均含量为 0.67 克/千克，属省四级水平；有效磷平均含量为 5.51 毫克/千克，属省五级水平；缓效钾平均含量为 538 毫克/千克，属省三级水平；速效钾平均含量为 77.1 毫克/千克，属省五级水平；有效铜平均含量为 0.69 毫克/千克，属省三级水平；有效锌平均含量为 0.78 毫克/千克，属省三级水平；有效铁平均含量为 3.96 毫克/千克，属省四级水平；有效锰平均值为 0.78 毫克/千克，属省四级水平；有效硼平均含量为 0.43 毫克/千克，属省五级水平；有效钼平均含量为 0.07 毫克/千克，属省四级水平；有效硫平均含量为 27.24 毫克/千克，属省四级水平。

1. 耕地土壤养分含量不断提高

耕地土壤：从本次测土配方结果看，新荣区耕地土壤养分发生了较大的变化，与全国第二次土壤普查时的耕层养分测定结果相比，30 年间，土壤有机质增加了 4.07 克/千克，全氮增加了 -0.04 克/千克，有效磷增加了 -0.69 毫克/千克，速效钾增加了 -1mg/k。但也有一些地方土壤养分降低的乡镇，主要的由于有机肥施用不足，化肥施用不合理造成的。

2. 平川土壤质地好，粮食产量高 据调查，新荣区好的耕地，主要分布在淤泥河、涓子河两岸的一级、二级阶地；其地势平坦，土层深厚，其中大部分耕地坡度小于 4°。粮食产量通过 2009 年、2010 年高产创建，玉米最高产量达到 500 千克/亩，项目区平均亩产 510 千克以上。土质良好，十分有利于现代化农业的发展。

3. 耕作粗放，肥力较低 由于气候与土壤条件，新荣区大部分耕地处于丘陵地带，种植水平还处在初级阶段，土壤肥力较低，风蚀雨蚀比较严重，耕地综合生产能力不高。

二、存在主要问题及原因分析

1. 中低产田面积较大 据调查，新荣区共有中低产田面积 44.64 万亩，占耕地总面积 91.06%，按主导障碍因素，共分为坡地梯改型、瘠薄培肥型两大类型，其中，坡地梯改型面积为 66 671.93 亩，占总耕地面积的 13.6%，占中低产田面积的 14.93%；瘠薄培肥型面积为 298 282.38 亩，占总耕地面积的 60.84%，占中低产田面积的 66.81%；盐碱耕地型面积为 66 236.7 亩，占总耕地面积的 13.51%，占中低产田面积的 14.84%；干旱灌溉型面积为 15 251.02 亩，占总耕地面积的 3.11％，占中低产田面积的 3.42％。

中低产田面积大，类型多。主要原因：一是自然条件恶劣。新荣区地形复杂，山、川、沟、垣、壑俱全，水土流失严重；二是农田基本建设投入不足，中低产田改造措施不力。三是农民耕地施肥投入不足，尤其是有机肥施用量仍处于较低水平。

2. 耕地地力不足，耕地生产率低　新荣区耕地虽然经过排、灌、路、林综合治理，农田生态环境不断改善，耕地单产、总产呈现上升趋势。但近年来，农业生产资料价格一再上涨，农产品价格相对则增加不大，农业成本较高，甚至出现种粮赔本现象，"谷贱伤农"大大挫伤了农民种粮的积极性。一些农民通过增施氮肥取得产量，耕作粗放，结果致使土壤结构变差，造成土壤养分恶性循环。

3. 施肥结构不合理　作物每年从土壤中带走大量养分，主要是通过施肥来补充，因此，施肥直接影响到土壤中各种养分的平衡。近几年在施肥上存在的问题，突出表现在"三重三轻"：第一，重特色作物，轻普通作物；第二，重复混肥料，轻专用肥料。随着我国化肥市场的快速发展，复混（合）肥异军突起，其应用对土壤养分的变化也有影响，许多复混（合）肥杂而不专，农民对其依赖性较大，而对于自己所种作物需什么肥料，土壤缺什么元素，并不清楚，导致盲目施肥；第三，重化肥使用，轻有机肥使用。近些年来，农民将大部分有机肥施于菜田，特别是优质有机肥，而占很大比重的耕地有机肥却施用不足。

三、耕地培肥与改良利用对策

（一）多种渠道提高土壤肥力

1. 增施有机肥，提高土壤有机质　近年来，由于农家肥来源不足和化肥的发展，全区耕地有机肥施用量不够。可以通过以下措施加以解决。一是广种饲草，增加畜禽，以牧养农；二是大力种植绿肥，种植绿肥是培肥地力的有效措施，可以采用粮肥间作或轮作制度。尤其是豆科绿肥作物，同时可以固氮，提高土壤肥力；三是大力推广秸秆还田，是目前增加土壤有机质最有效的方法。

2. 合理轮作，挖掘土壤潜力　不同作物需求养分的种类和数量不同，根系深浅不同，吸收各层土壤养分的能力不同，各种作物遗留残体成分也有较大差异。因此，通过不同作物合理轮作倒茬，保障土壤养分平衡。要大力推广粮、菜轮作，粮、油轮作，玉米、大豆立体间、套作，莜麦、大豆轮作等技术模式，实现土壤养分协调利用。

（二）巧施氮肥

速效氮肥极易分解，通常施入土壤中的氮素化肥的利用率只有 25％～40％，或者更低。这说明施入土壤中的氮素，挥发渗漏损失严重。所以在施用氮肥时一定注意施肥量、施肥方法和施肥时期，提高氮肥利用率，减少损失。

（三）重施磷肥

新荣区地处黄土高原，属石灰性土壤，土壤中的磷常被固定，而不能发挥肥效。加上长期以来群众重氮轻磷，作物吸收的磷得不到及时补充。试验证明，在缺磷土壤上增施磷肥增产效果明显，可以增施人粪尿、畜禽肥等有机肥，其中的有机酸和腐殖酸促进非水溶性磷的溶解，提高磷素的活力。

（四）因地施用钾肥

新荣区土壤中钾的含量虽然在短期内不会成为限制农业生产的主要因素，但随着农业生产进一步发展和作物产量的不断提高，土壤中有效钾的含量也会处于不足状态，所以在生产中，定期监测土壤中钾的动态变化，及时补充钾素。

（五）重视施用微肥

微量元素肥料，作物的需要量虽然很少，但对提高产品产量和品质、却有大量元素不可替代的作用。

（六）因地制宜，改良中低产田

新荣区中低产田面积比较大，影响了耕地地力水平。因此，要从实际出发，分类配套改良技术措施，进一步提高全区耕地地力质量。

第三节　农业结构调整与适宜性种植

近些年来，新荣区农业的发展和产业结构调整工作取得了突出的成绩，但干旱威胁严重，土壤肥力有所减退，抗灾能力薄弱，生产结构不良等问题，仍然十分严重。因此，为适应21世纪我国农业发展的需要，增强新荣区优势农产品参与国际市场竞争的能力，有必要进一步对全区的农业结构现状进行战略性调整，从而促进全区高效农业的发展，实现农民增收。

一、农业结构调整的原则

为适应我国社会主义农业现代化的需要，在调整种植业结构中，遵循下列原则：

一是与国际农产品市场接轨，以增强全区农产品在国际、国内经济贸易的竞争力为原则。

二是以充分利用不同区域的生产条件、技术装备水平及经济基地条件，达到趋利避害，发挥优势的调整原则。

三是以充分利用耕地评价成果，正确处理作物与土壤间、作物与作物间的合理调整为原则。

四是采用耕地资源管理信息系统，为区域结构调整的可行性提供宏观决策与技术服务的原则。

五是保持行政村界线的基本完整的原则。

根据以上原则，在今后一般时间内将紧紧围绕农业增效、农民增收这个目标，大力推进农业结构战略性调整，最终提升农产品的市场竞争力，促进农业生产向区域化、优质化、产业化发展。

二、农业结构调整的依据

通过本次对新荣区种植业布局现状的调查，综合验证，认识到目前的种植业布局还存在许多问题，需要在区域内部加大调整力度，进一步提高生产力和经济效益。

一是按照不同地貌类型，因地制宜规划，在布局上做到宜农则农，宜林则林，宜牧则牧。

二是按照耕地地力评价出 1～5 个等级标准，在各个地貌单元中所代表面积的数值衡量，以适宜作物发挥最大生产潜力来分布，做到高产高效作物分布在 1～2 级耕地为宜，中低产田应在改良中调整。

三、土壤适宜性及主要限制因素分析

本区土壤因成土母质不同，土壤质地也不一致，发育在黄土及黄土状母质上的土壤质地多是较轻而均匀的壤质土，心土及底土层为黏土。总的来说，本区的土壤大多为壤质，在农业上是一种质地理想的土壤，其性质兼有沙土和黏土之优点，而克服了沙土和黏土之缺点，它既有一定数量的大孔隙，还有较多的毛管孔隙，故通透性好，保水保肥性强，耕性好，宜耕期长，好抓苗，发小又养老。

因此，综合以上土壤特性，新荣区土壤适宜性强，玉米、马铃薯、小杂粮等粮食作物及经济作物，如蔬菜、西瓜、药材、苹果、杏、李、葡萄等都适宜本区种植。

但种植业的布局除了受土壤质地作用外，还要受到地理位置、水分条件等自然因素和经济条件的限制，在山地、丘陵等地区，由于此地区沟壑纵横，土壤肥力较低，土壤较干旱，气候凉爽，农业经济条件也较为落后，因此要在管理好现有耕地的基础上，将智力、资金和技术逐步转移到非耕地的开发上，大力发展林、牧业、果树等特色种植，建立农、林、牧结合的生态体系，使其成为林、牧、果品生产基地。在平原地区由于土地平坦，水源较丰富，是新荣区土壤肥力较高的区域，同时其经济条件及农业现代化水平也较高，故应充分利用地理、经济、技术优势，在不放松粮食生产的前提下，积极开展多种经营，实行粮、菜、果全面发展。

在种植业的布局中，必须充分考虑到各地的自然条件、经济条件，合理利用自然资源，对布局中遇到的各种限制因素，应考虑到它影响的范围和改造的可行性，合理布局生产，最大限度地、持久地发掘自然的生产潜力，做到地尽其力。

四、种植业布局及规划建议

（一）加强耕地综合生产能力建设

严格执行占用基本农田审批制度和占补平衡制度，确保 2020 年内耕地面积稳定在 49 万亩。实施 30 万亩中低产田改造工程，加强耕地综合生产能力建设；实施 10 万亩高标准旱作农田建设；实施 5 万亩节水灌溉高效农田建设。通过以上工程的建设，有效改善耕地地力和耕地质量，提高水肥利用率和耕地的产出能力。搞好农业综合开发。以改造中低产田和改善生态环境相结合为主，把耕地保护和土地治理有机结合起来，进一步调整农业项目区布局，稳定平川项目区，增加丘陵山区项目区，探索丘陵山区旱地农业综合开发的新路子。改革传统耕作方式，推行农业标准化，发展节约型农业。科学使用化肥、农药和农膜，推广测土配方施肥、平衡施肥、缓释氮肥、生物防治病虫害等实用技术。

（二）大力发展特色农业

按照新荣区产业发展布局，大力调整种植业机构，发展特色区域种植，建成四大特色农产品生产区。

1. 优质马铃薯生产区　以西北山区的郭家窑乡、破鲁堡乡，东北山区的堡子湾乡为重点，发展优质马铃薯生产，新荣区马铃薯面积稳定在 5 万亩。

主要措施：引进优质脱毒种薯，全面推广测土配方施肥技术，增施有机肥，积极推进马铃薯的产业化建设，推进规模化种植，实行产业化经营，搞好马铃薯的储藏及深加工产品开发。

2. 粮食生产区　以平川区乡（镇）为重点，新荣区玉米面积稳定在 8 万亩以上。涉及郭家窑乡、破鲁堡乡、堡子湾乡、花园屯乡、新荣镇等。

主要措施：引进新优品种；积极开展丰产方和高产创建活动，示范和引导农民科学种植；全面推广测土配方施肥技术；加强农田水利设施建设，提高抵御自然灾害能力。

3. 无公害蔬菜生产区　以平川灌溉农业区为中心，结合节水灌溉农业，大力发展无公害蔬菜种植，面积达到 7 746 亩，其中设施蔬菜面积达到 0.3 万亩，蔬菜总产量达到 19 780 吨。

主要措施：动员全社会力量，加快设施农业建设；新荣区统一规划，集中连片实施；开展技术培训，提高菜农种植水平；按照地域特色，合理布局，建设蔬菜批发市场；建设蔬菜专业合作社，培训农民经纪人队伍，提高农民经纪人素质；全面推进无公害种植，加快绿色食品及无公害农产品认证步伐。

4. 特色小杂粮生产区　以西南、东南、西北部黄土丘陵区为中心，发展优质谷、黍、杂豆等特色杂粮种植 10 万亩。涉及上深涧乡、西村乡、花园屯乡、郭家窑乡等。

主要措施：大力推广旱作农业实用新技术，提高小杂粮产量和品质；推广测土配方施肥技术，增施有机肥；加快小杂粮系列产品的开发和加工与转化，加快步伐，塑造地域特色小杂粮知名品牌。

（三）建立健全农产品市场体系

到 2020 年，依据作物的区域布局，在新荣区巩固、提升、壮大 4 个功能齐全的大型农产品批发交易市场，建立健全全区各类农产品市场准入制度，在每个市场均建设一个农产品质量监测站，使农产品的质量监测达到 100%。绿色、无公害农产品认证数量达到 10 个以上。

（四）推动农业科技进步

在农业技术推广工作中，每年引进推广玉米、蔬菜等农作物品种 5～10 个，推广新技术 1～5 项，使良种应用率达到 100%，配方施肥面积达到 100%，农作物病虫害综合防治面积达到 80%，农村实用新技术入户率达到 80%。

第四节　测土配方施肥分区与无公害农产品生产对策研究

一、养分状况与施肥现状

（一）土壤养分状况

通过对新荣区土壤养分含量的分析得知：全区土壤以壤质土为主，耕地土壤有机质平均含量为 12.35 克/千克，属省四级水平；全氮平均含量为 0.67 克/千克，属省四级水平；有效磷平均含量为 5.51 毫克/千克，属省五级水平；缓效钾平均含量为 538 毫克/千克，属省三级水平；速效钾平均含量为 77.1 毫克/千克，属省五级水平；有效铜平均含量为 0.69 毫克/千克，属省三级水平；有效锌平均含量为 0.78 毫克/千克，属省三级水平；有效铁平均含量为 3.96 毫克/千克，属省四级水平；有效锰平均值为 6.57 毫克/千克，属省四级水平；有效硼平均含量为 0.43 毫克/千克，属省五级水平；有效钼平均含量为 0.07 毫克/千克，属省四级水平；有效硫平均含量为 27.24 毫克/千克，属省四级水平。

（二）施肥现状

近几年，随着产业结构调整和无公害农产品生产的发展，全区施肥状况逐渐趋向科学合理。根据全区 300 个农户调查，全区有机肥施用总量为 17 万吨，平均亩施农家肥 350 千克，其中菜田亩施农家肥 2 000 千克。

新荣区化肥施用总量（实物量）6 702 吨，其中，氮肥实物量 4 202 吨，磷肥实物量 1 049 吨，复合肥实物量 1 165 吨，其他 286 吨。

二、存在问题及原因分析

1. 有机肥用量减少 20 世纪 70 年代以来，随着化肥工业的发展，化肥高浓缩的养分、低廉的价格、快速的效果得到广大农民的青睐，化肥用量逐年增加，有机肥的施用则保持不变或略有减少。进入 80 年代，由于农民短期承包土地思想的存在，重眼前利益，忽视长远利益，重用地，轻养地。在施肥方面重化肥施用，忽视有机肥的投入，人畜粪尿沤制大量减少，不仅使养分浪费，同时人畜粪尿也污染了环境和地下水源，有机肥使用量减少，有机肥和无机肥施用比例严重失调。

2. 肥料三要素（N. P. K）施用比例失调 第二次土壤普查后，新荣区根据普查结果，对缺氮少磷钾有余的土壤养分状况提出氮、磷配合施用的施肥新概念，农民施用化肥由过去的单施氮肥转变为氮磷配合施用，对全区的粮食增产起到了巨大的作用。但是在一些地方由于农民对作物需肥规律和施肥技术认识和理解不足，存在氮磷施用比例不当的问题，有的由单施氮肥变为单施磷肥，以磷代氮，造成磷的富集，土壤有效磷含量高达 40～50 毫克/千克，而有些地块有效磷低于 5 毫克/千克，极不均匀。10 多年来，土壤养分发生了很大变化，土壤有效磷增幅很大，一些中高产地块土壤速效钾由有余变为欠缺。根据 2010 年全区化肥销量计算，全区 N、P_2O_5、K_2O 使用比例仅为 1∶0.36∶0.07，极不平衡。这种现象造成氮素资源大量消耗，化肥利用率不高，经济效益低下，农产品质量下降。

3. 化肥用量不当

（1）大田化肥施用不合理：在大田作物施肥上，注重高产水地的高投入高产出，忽视中低产田的投入，据调查水地亩均纯氮投入在 15～30 千克，而旱地和低产田则投入很少，甚至无肥下种，只有在雨季进行少量的追肥（氮肥）。因而造成高产田块肥料浪费，而中低产田产量肥料不足，产量不高。这种不合理的化肥分配，直接影响化肥的经济效益和无公害农产品的生产。

（2）蔬菜地化肥施用超量：蔬菜是当地的一种高投入高产出的主要经济作物。农民为了追求高产，在施肥上盲目加大化肥施用量。据调查，黄瓜、番茄亩纯氮素投入最高可达 50 千克，其他蔬菜亩纯氮素投入也在 40 千克左右，而磷肥相对使用不足。这一做法虽然在短期内获得了高产和一定的经济效益，但也导致了土壤养分比例失调，氮素资源浪费，土壤环境恶化，蔬菜的品质下降，如品位下降、不耐储存、易腐烂、亚硝酸盐超标等。

4. 化肥施用方法不当

（1）氮肥浅施、表施：在氮肥施用上，农民为了省时、省力，将碳铵、尿素撒于地表，然后再翻入土中，用旋耕犁旋耕入土，有时追施化肥时将氮肥撒施地表，氮肥在地表裸露时间太长，极易造成氮素挥发损失，降低肥料的利用率。

（2）磷肥撒施：由于大多数农民对磷肥的性质了解较少，普遍将磷肥撒施、浅施，造成磷素被固定和作物吸收困难，降低了磷肥利用率，使当季磷肥效益降低。

（3）复合肥料施用不合理：20 世纪 80 年代初期，由于土壤极度缺磷，在各种作物上施用美国复合肥磷酸二铵后表现了大幅度的增产，使老百姓在认识上产生了一个误区：美国磷酸二铵是最好的肥料。随着磷肥的大量使用，许多地块土壤有效磷含量明显提高，但全区土壤平均有效磷含量从 20 世纪 80 年代的 6.2 毫克/千克减少到目前的 5.51 克/千克以上。美国磷酸二铵的养分结构已不能适合目前土壤的养分状况，但农民还把磷酸二铵单独使用，造成了磷素资源的浪费。

（4）中产高田忽视钾肥的施用：针对第二次土壤普查结果，速效钾含量较高，有 10 年左右的时间 80％的耕地施用氮、磷两种肥料，造成土壤钾素消耗日趋严重。农产品产量和品质受到严重影响。随着种植业结构的进一步调整，作物由单独追求产量变为质量和产量并重，钾肥越来越表现出提质增产的效果。

以上各种问题，将随着测土配方施肥项目的实施逐步得到解决。

三、测土配方施肥区划

（一）目的和意义

根据新荣区不同区域地貌类型、土壤类型、养分状况、作物布局、当前化肥使用水平和历年化肥试验结果进行统计分析和综合研究，按照全区不同区域化肥肥效规律，分区划片，提出不同区域氮、磷、钾化肥适宜的品种、数量、比例以及合理施肥的方法，为全区今后一段时间合理安排化肥生产、分配和使用，特别是为改善农产品品质，因地制宜调整农业种植布局，发展特色农业，保护生态环境，促进农业可持续发展提供科学依据，进一步提高化肥的增产、增效作用。

（二）分区原则与依据

1. 原则

（1）化肥用量、施用比例和土壤类型及肥效的相对一致性。

（2）土壤地力分布和土壤速效养分含量的相对一致性。

（3）土壤利用现状和种植区划的相对一致性。

（4）行政区划的相对完整性。

2. 依据

（1）农田养分平衡状况及土壤养分含量状况。

（2）作物种类及分布。

（3）土壤地力分布特点。

（4）化肥用量、肥效及特点。

（5）不同区域对化肥的需求量。

（三）分区和命名方法

测土配方施肥区划分为二级区。一级区（用Ⅰ、Ⅱ、Ⅲ表示）反映不同地区化肥施用的现状和肥效特点。二级区（用$Ⅰ_1$、$Ⅱ_2$、$Ⅲ_3$表示）根据现状和今后农业发展方向，提出对化肥合理施用的要求。Ⅰ级区按地名＋主要土壤类型＋氮肥用量＋磷肥用量＋钾肥肥效相结合的命名法。氮肥用量按每季作物每亩平均施氮量划分为高量区（12千克以上）、中量区（7.1～12千克）、低量区（5.1～7千克）、极低量区（5千克以下）；磷肥用量按每季作物每亩平均施用P_2O_5量划分为高量区（7千克以上）、中量区（3.6～7千克）、低量区（1.5～3.5千克）、极低量区（1.5千克以下）；钾肥肥效按每千克K_2O增产粮食千克数划分为高效区（6千克以上）、中效区（4.1～6千克）、低效区（2.1～4千克）、未显效区（2千克以下）。Ⅱ级区按地名地貌＋作物布局＋化肥需求特点的命名法命名。根据农业生产指标，对今后氮、磷、钾肥的需求量，分为增量区（需较大幅度增加用量，增加量大于20％），补量区（需少量增加用量，增加量小于20％），稳量区（基本保持现有用量），减量区（降低现有用量）。

（四）分区概述

根据以上分区原则、依据和方法和新荣区地貌、地型和土壤肥力状况，按照化肥区划分区标准和命名方法，将全区测土配方施肥区划分为3个主区（一级区），6个亚区（二级区）。见表8-3。

表8-3 新荣区测土配方施肥区划分区

主区	亚区	乡（镇）名称	行政村数	面积（万亩）	占耕地总面积的百分比（％）	行政村名
Ⅰ 西部平川潮土氮磷肥中量钾肥中效区	$Ⅰ_1$ 平川二级阶地玉米氮磷增量钾肥补量区	郭家窑乡、破鲁堡乡的平川区	25	7.34	14.97	郭家窑、半坡店、红沟梁、二队地、东张士窑、拒门、贾什队、二队窑、二道沟、梁顶、菜园沟、贾家屯、穆家坪、芦家窑、东胜庄、西张士窑、杨家场、张力窑、座堡窑、元营、四道沟、助马、刘家窑、北温窑、庄窝墩
	$Ⅰ_2$ 平川洪积平原马铃薯氮肥稳量磷肥钾肥补量区	郭家窑乡、破鲁堡乡的平川区	25	7.03	14.34	郭家窑、半坡店、红沟梁、二队地、东张士窑、拒门、贾什队、二队窑、二道沟、梁顶、菜园沟、贾家屯、穆家坪、芦家窑、东胜庄、西张士窑、杨家场、张力窑、座堡窑、元营、四道沟、助马、刘家窑、北温窑、庄窝墩

（续）

主区	亚区	乡（镇）名称	行政村数	面积（万亩）	占耕地总面积的百分比（%）	行政村名
Ⅱ 南部丘陵氮肥中量磷肥中量钾肥低效区	Ⅱ₁ 南部丘陵栗钙土性土玉米谷黍杂粮氮肥中量磷肥中量钾肥低效区	西村乡、上深涧乡	34	9.11	18.58	西村、镇河堡、五旗、谢家场、狮村、新站、东村、夏庄、白山、甘庄、镇房、李花庄、七里村、户部、和胜庄、智家堡、鸡窝涧、碓臼沟、大小窑山、畅家岭、上深涧、下深涧、蔡家窑、施家洼、刘安窑、马村、后所沟、前窑、新村、北辛窑、东梁、前坡、后坡、东坡
Ⅲ 北部丘陵增氮增磷钾肥中效区	Ⅲ₁ 西北黄土丘陵栗钙土性土玉米增氮增磷钾中效区	堡子湾乡、新荣镇	39	9.97	20.34	刘新庄、杨州窑、高家窑、草汉窑、拒墙堡、李三窑、闫家窑、风嘴梁、马厂、胡家窑、得胜、镇羌、河东窑、黑土墩、堡子湾、二道沟、四道沟、杨里窑、马家窑、李佩沟、磨复其湾、宏赐、祁皇墓、靳疙瘩梁、李大头窑、王堂窑、畔沟、鲁家沟、安乐庄、新荣、光明、前井沟、张布袋沟、庞家窑、下甘沟、辛窑、兴胜沟、里场沟、外场沟
	Ⅲ₂ 西北黄土丘陵栗钙土性土马铃薯增氮增磷钾高效区	堡子湾乡、新荣镇	39	5.68	11.57	刘新庄、杨州窑、高家窑、草汉窑、拒墙堡、李三窑、闫家窑、风嘴梁、马厂、胡家窑、得胜、镇羌、河东窑、黑土墩、堡子湾、二道沟、四道沟、杨里窑、马家窑、李佩沟、磨复其湾、宏赐、祁皇墓、靳疙瘩梁、李大头窑、王堂窑、畔沟、鲁家沟、安乐庄、新荣、光明、前井沟、张布袋沟、庞家窑、下甘沟、辛窑、兴胜沟、里场沟、外场沟
Ⅳ 东部丘陵氮磷肥中量钾肥中效区	Ⅳ₁ 东部丘陵氮磷肥中量钾肥中效区	花园屯乡	26	9.90	20.2	前井、花园屯、杨窑、苇子湾、靳沟窑、马庄、太平庄、谢士庄、张指挥营、麻口、镇川、万泉庄、黍地沟、西寺、镇川口、三墩、元墩、姜庄、马河、常胜庄、圪坨、道士窑、青花、赵彦庄、三百户营、青羊岭

Ⅰ 西部平川潮土氮磷肥中量钾肥中效区 该区面积 14.37 万亩，占耕地面积的 29.31%，包括 2 个乡 25 个行政村。

地形部位：河流一级、二级阶地，高河漫滩，洪积平原中、下部；母质：冲积母质、洪积母质、灌淤母质、人工堆垫母质、黄土状母质等；土壤类型：洪积潮土、碱化盐土；本区土壤肥力较高的区域，灌溉条件良好、施肥水平较高，地势平坦、位置优越、交通便利，为全区粮食、蔬菜主产区。该区分 2 个亚区。

Ⅰ₁ 平川二级阶地玉米氮磷增量钾肥补量区 该区面积 7.34 万亩，占耕地面积的 14.97%，包括 2 个乡 25 个行政村。

地形部位：河流一级、二级阶地，高河漫滩；母质：冲积母质、洪积母质、黄土状母质、灌淤母质、人工堆垫母质等；土壤类型：洪积潮土、碱化盐土，苏打盐化潮土；本区土壤肥力最高的区域，灌溉条件好、灌溉保证率60%、施肥水平较高，地势平坦、位置优越、交通便利，为全区玉米主产区，农业发展水平高，亩产玉米多在450～500千克。

养分含量：有机质8.5～34.1克/千克，平均值14.5克/千克；全氮0.43～2.1克/千克，平均值0.69克/千克；有效磷6.5～56毫克/千克，平均值6.33毫克/千克；速效钾42～145毫克/千克，平均值95毫克/千克（此为估值）。

优势劣势分析：由于种植习惯原因，新荣区在化肥的施用量上不大，随着良种与种植技术的大力推广，玉米用量稍显不足，高产玉米地施用纯氮10～15千克/亩，纯磷5～7千克/亩，肥料种类以尿素和磷酸二铵为主，钾肥用量相对较少，部分玉米地使用复合肥补充一部分钾肥。氮磷钾比例失调。

建议：通过对该区地理位置，灌溉条件和土壤养分含量状况等综合分析，该区在今后农业生产中应以发展高产玉米为主，施肥上应该增加氮肥控制磷肥增加钾肥，轻度盐化潮土，有效锌低于0.55毫克/千克，每亩施用纯硫酸锌1.5～2千克，玉米亩产450～500千克，施纯氮17～23千克/亩，纯五氧化二磷8～10千克/亩，纯氧化钾4～6千克/亩。

Ⅰ₂　平川洪积平原马铃薯氮肥稳量磷肥钾肥补量区　该区面积7.03万亩，占总耕地面积的14.34%，包括2个乡25个行政村。

地形部位：河流一级、二级阶地，高河漫滩，洪积平原中、下部；母质：冲积母质、洪积母质、黄土状母质等；土壤类型：洪积潮土、碱化盐土，苏打盐化潮土；该区土壤肥力较高的区域，灌溉条件良好、灌溉保证率30%、施肥水平相对较高，地势相对平坦、位置优良、交通便利，为全区马铃薯主产区，亩产800～1000千克。

养分含量：有机质7.4～26.6克/千克，平均值为12.4克/千克；全氮0.22～1.7克/千克，平均值为0.65克/千克；有效磷2.9～41.1毫克/千克，平均值为5.59毫克/千克；速效钾86～183毫克/千克，平均值91毫克/千克（此为估值）。

优劣分析：大量使用氮磷化肥，一般马铃薯亩施用纯氮7～10千克/亩，纯磷4～7千克/亩，肥料种类以尿素和过磷酸钙为主，钾肥用量相对较少。

建议：该区土壤相对肥沃，水资源丰富，地势平坦，灌溉条件良好，交通方便，为全区马铃薯主产区，马铃薯产量一般在800～1000千克。

Ⅱ　南部丘陵氮肥中量磷肥中量钾肥低效区　该区只有1个亚区。

Ⅱ₁　南部丘陵栗钙土性土玉米谷黍杂粮氮肥中量磷肥中量钾肥低效区　该区面积9.11万亩，占耕地面积的18.58%，包括2个乡34个行政村。

地形部位：低山、黄土丘陵、黄土梁、黄土峁、黄土台地等，洪积平原中上部；母质：残积母质、洪积母质、沟淤母质、黄土质母质、黄土状母质，砂页岩风化物等；土壤类型：栗钙土性土为该区土壤肥力较低的区域，以黄土丘陵为主，地表大部分为黄土覆盖，水土流失严重。有机质及有效养分含量低，无灌溉条件，地下水补给困难，地表起伏较大，发展灌溉比较困难，交通不便，农业发展水平低。

养分含量：有机质2.9～63.7克/千克，平均值为12.78克/千克；全氮0.232～2.088克/千克，平均值为0.71克/千克；有效磷0.4～83.7毫克/千克，平均值为8.01

毫克/千克；速效钾 10~156 毫克/千克，平均值为 110.75 毫克/千克。

优势劣势分析：该区土壤肥力较低，水资源缺乏，地势起伏大，无灌溉条件，交通不便；为全区小杂粮、玉米的主产区。玉米产量一般较低，水土流失严重，土壤肥力不高，氮磷肥用量不足，投入少产出也少，施肥结构上以氮肥为主，磷肥用量不足，钾肥基本不用。种植作物为胡麻、谷黍等，干旱缺水是该区的最大障碍。

建议：由于水土流失较重，建议以保持水土为目的，增加退耕还林、还牧的比例，增加植被覆盖度。种植作物的地块，首先要加固和修筑梯田，控制水土流失的发生。施肥上，小杂粮产量为 50~75 千克/亩，可施纯氮 5.5~6 千克/亩，纯五氧化二磷 3~5.0 千克/亩，钾肥 1~2 千克。

Ⅲ　北部丘陵增氮增磷钾肥中效区　该区面积 15.54 万亩，占耕地面积的 31.91%，包括 2 个乡（镇）39 个行政村。

地形部位：北部黄土丘陵，黄土梁、黄土峁、黄土台地等，洪积平原中上部；母质：残积母质、洪积母质、沟淤母质、黄土质母质、黄土状母质，砂页岩风化物等；土壤类型：栗钙土性土为该区土壤肥力较低的区域，以黄土丘陵为主，地表大部分为黄土覆盖，水土流失严重，有机质及有效养分含量低，无灌溉条件，地下水补给困难，地表起伏较大，发展灌溉比较困难，交通不便，农业发展水平低。

Ⅲ₁　西北黄土丘陵栗钙土性土玉米增氮增磷钾中效区　该区面积为 9.97 万亩，占耕地面积的 20.34%，包括 2 个乡（镇）39 个行政村。

养分含量：有机质 2.9~52.3 克/千克，平均值为 11.18 克/千克；全氮 0.224~2.027 克/千克，平均值为 0.7 克/千克；有效磷 0.7~30.9 毫克/千克，平均值为 6.445 毫克/千克；速效钾为 14~192 毫克/千克，平均值为 114.625 毫克/千克。

优势劣势分析：该区土壤肥力较低，水资源缺乏，地势起伏大，无灌溉条件，交通不便。

该区为玉米生产基地，但氮磷肥用量不足，投入少产出也少，施肥结构上，以氮肥为主，磷肥用量不足，钾肥基本不用。另处，缺水是该区的最大障碍。

建议：由于水土流失较重，建议以保持水土为目的，增加退耕还林、还牧的的比例，增加植被覆盖度。种植作物的地块，首先要加固和修筑梯田，控制水土流失的发生。施肥上可适当增加氮磷肥使用量，产量在 300 千克/亩以上的地块，氮肥用量推荐为 10~12 千克/亩，磷肥（P₂O₅）8~10 千克/亩，土壤速效钾含量<100 毫克/千克适当补施钾肥（K₂O）1~2 千克/亩。亩施农家肥 1 000 千克以上。可用 1/3~1/2 氮肥做追肥，选择抗旱抗极薄的品种，减少干旱的危害。

Ⅲ₂　西北黄土丘陵栗钙土性土马铃薯增氮增磷钾高效区　该区面积为 5.68 万亩，占耕地面积的 11.57%，包括 2 个乡（镇）39 个行政村。

养分含量：有机质 2.9~52.3 克/千克，平均值为 11.18 克/千克；全氮 0.224~2.027 克/千克，平均值为 0.7 克/千克；有效磷 0.7~71.9 毫克/千克，平均值为 6.445 毫克/千克；速效钾为 14~190 毫克/千克，平均值为 114.625 毫克/千克。

优势劣势分析：该区土壤肥力较低，水资源缺乏，地势起伏大，无灌溉条件，交通不便。

该区为省马铃薯、小杂粮生产基地，但氮磷肥用量不足，投入少产出也少，施肥结构上，以氮肥为主，磷肥用量不足，钾肥基本不用。另处，缺水是该区的最大障碍。

建议：该区处于阳坡，耕地综合生产能力也较好，所以要加大土壤改良的力度，进一步提高该区耕地的能力，提高耕地的地力水平，加快坡耕地的治理。施肥上可适当增加氮磷肥使用量，马铃薯产量在300千克/亩以上的地块，氮肥用量推荐为7～10千克/亩，磷肥（P_2O_5）5～6千克/亩，土壤速效钾含量＜100毫克/千克适当补施钾肥（K_2O）11～15千克/亩。亩施农家肥1000千克以上。

Ⅳ 东部丘陵氮磷肥中量钾肥中效区 该区面积为9.90万亩，占耕地面积的20.20%，包括1个乡26个行政村。

北部黄土丘陵，黄土梁、黄土峁、黄土台地等，洪积平原中上部；母质：残积母质、洪积母质、沟淤母质、黄土质母质、黄土状母质，砂页岩风化物等；土壤类型：栗钙土性土为该区土壤肥力较低的区域，以黄土丘陵为主，地表大部分为黄土覆盖，水土流失严重，有机质及有效养分含量低，无灌溉条件，地下水补给困难，地表起伏较大，发展灌溉比较困难，交通不便，农业发展水平低。

养分含量：有机质6.6～28.3克/千克，平均值为16.47克/千克；全氮0.45～2.13克/千克，平均值为1.00克/千克；有效磷0.8～29.4毫克/千克，平均值为4.91毫克/千克；速效钾29～254毫克/千克，平均值为80.74毫克/千克。

优势劣势分析：该区土壤肥力较低，水资源缺乏，地势起伏大，无灌溉条件，交通不便，为全区马铃薯、玉米的主产区。玉米产量一般较低，土壤肥力不高，氮磷肥用量不足，投入少产出也少，施肥结构上，以氮肥为主，磷肥用量不足，钾肥基本不用。干旱缺水是该区的最大障碍。

建议：该区地势较为平缓，耕地条件也较好，耕地综合生产能力也较高，是新荣区的玉米、马铃薯的主要生产基地。在耕地管理上，要继续提高对耕地治理资金的投入，努力提高耕地的综合生产能力。也可以大力发展经济林。玉米施肥上，玉米产量为200～250千克/亩，可施纯氮9～11千克/亩，纯五氧化二磷7～9千克/亩，钾肥2～5千克。

（五）提高化肥利用率的途径

1. 统一规划，着眼布局 搞好平衡施肥区划，对新荣区农业生产起着整体指导和调节作用，应用中要宏观把握，明确思路。以地貌类型、土壤类型、肥料效应及行政区域为基础划分的3个化肥肥效一级区和6个化肥合理施用二级区，提供的施肥量是建议施肥量，具体到各区、各地因受不同地型部位和不同土壤亚类的影响，在施肥上不可千篇一律，死搬硬套，应以化肥使用区划为依据，结合当地实际情况确定合理科学的施肥量。

2. 因地制宜，节本增效 新荣区地形复杂，土壤肥力差异较大，各区在化肥使用上一定要本着因地制宜，因作物制宜，节本增效的原则，通过合理施肥及相关农业措施，不仅要达到节本增效的目的，而且要达到用养结合，培肥地力的目的，变劣势为优势。对坡降较大的丘陵、沟壑和山前倾斜平原区要注意防治水土流失，实施退耕还林，整修梯田，林农并举。

3. 秸秆还田，培肥地力 运用合理施肥方法，大力推广秸秆还田，提高土壤肥力，增加土壤团粒结构，同时合理轮作倒茬，用养结合。有机无机相结合，氮、磷、钾、微肥相结合。

总之，要科学合理施用化肥，以提高化肥利用率为目的，以达到增产增收增效。

四、无公害农产品生产与施肥

无公害农产品是指产地环境，生产过程和产品品质均符合国家有关标准和《规范》的要求，经认证合格，获得认证证书并允许使用无公害农产品标志的未经加工或初加工的农产品。无公害农产品生产管理技术是当前最先进的农业科学生产技术，它是在综合考虑作物的生长特性、土壤供肥能力和病虫害防治以及其他环境因素的情况下，制定农作物的合理管理方案，以科学的投入，保证作物健壮生长并获得最高产量和优良品质的管理技术。应用此技术可以维持土壤养分平衡，减少滥用化学产品对环境的污染，达到优质、高产、高效的目的。

（一）无公害农产品的施肥原则

1. 养分充足原则　无公害农产品的肥料使用必须满足作物对营养元素的需要，要有足够数量的有机物质返回土壤。

2. 无害化原则　有机肥料必须经过高温发酵，以杀灭各种寄生虫卵、病原菌和杂草种子，使之达到无害化卫生标准。

3. 有机肥料和微生物肥料为主的原则　科学使用有机肥不但能增加作物产量，而且能提高农产品的营养品质、食味品质、外观品质，同时还可以改善食品卫生，净化土壤环境；微生物肥料可以提供固氮、补磷、补钾等多种微生物菌种，提高土壤有益生物活性，微生物活动还能降低地下水和食品中的硝酸盐含量，缓解水体富营养化。

（二）无公害农产品的施肥品种

1. 选用优质农家肥　农家肥是指含有大量生物物质、动植物残体、人畜排泄物、生物废弃物等有机物质的肥料。在无公害农产品的生产中，一定要选用足量的经过无害化处理的堆肥、沤肥、厩肥、饼肥等优质农家肥作基肥，确保土壤肥力逐年提高，满足无公害农产品生产的需要。

2. 选用合格商品肥　在无公害农产品生产过程中使用的商品肥料有精制有机肥料、有机无机复混肥料、无机肥料、腐殖酸类肥料、微生物肥料等，禁止使用含硝态氮的肥料、重金属含量超标的矿渣肥料等。所以生产无公害农产品时一定要选用合格许可的商品肥料。

（三）无公害农产品生产的施肥技术

1. 有机肥为主、化肥为辅　在无公害农产品生产过程中一定要坚持以有机肥为主，化肥为辅。要大量增施有机肥，促进无公害农产品生产。为此要大力发展畜牧业，沤制农家肥；积极推广玉米秸秆还田技术；因地制宜种植绿肥，合理进行粮肥轮作；加快有机肥工厂化生产进程，扩大商品有机肥的生产和应用。

2. 合理调整肥料用量和比例　首先要合理调整化肥与有机肥的施用比例，有机肥和无机肥所提供的养分比例逐步调整到 0.7：1，充分发挥有机肥在无公害农产品生产中的作用；其次，要控制氮肥用量，实施补钾工程，根据不同作物、不同土壤，合理调整化肥中氮、磷、钾的施用数量和比例，实现各种营养元素平衡供应。目前，特别在蔬菜生产过程中盲目大量施用氮肥，在造成肥料浪费的同时，也降低了蔬菜的品质，污染了农田环境。在无公害农产品生产过程中一定要注意这个问题。

3. 改进施肥方法，促进农田环境改善　施肥方法不当，不仅直接影响肥料利用率，影响作物生长和产量，而且会污染农田生态环境。因此，确定合理的施肥方法，以改善农田生态环境是农产品优质化的又一途径。氮素化肥深施，磷素化肥集中施用是提高化肥利用率，减少损失浪费和环境污染的主要措施。因此，首先要大力推广化肥深施技术，杜绝氮素化肥撒施和表施，减少挥发、淋失、反硝化所造成的污染，提高氮素化肥利用率；其次，在有条件的地方变单一的土壤施肥为土施与叶面喷施相结合，以降低土壤溶液浓度，净化土壤环境；再次，适时追肥，化肥用于追肥时，叶菜类最后一次追肥必须在收获前30天进行；最后，实现化肥与厩肥，速效肥与缓效肥，基肥与种肥、追肥合理配合施用，抑制硝酸盐、重金属等污染物对农产品的污染，大力营造农产品优质化的农田环境。

五、不同作物无公害生产的施肥标准

优良的农作物品种是决定农作物产量和品质的内因，但能否在生产中实现高产优质，还得依赖于水分、阳光、温度、土肥等外界条件，特别是农作物高产优质的物质基础肥料，起着关键性的保证作用。因此，科学合理的施肥标准对农作物增产丰收有着十分重要的意义。通过此次调查，针对新荣区农业生产基本条件，种植作物种类、土壤肥力养分含量状况，无公害农产品生产施肥总的思路是：以节本增效为目标，立足抗旱栽培，着眼于优质、高产、高效、生态安全。着力提高肥料利用率，采取减氮、稳磷、补钾、配微的原则，在增施有机肥和保持化肥施用总量基本平衡的基础上，合理调整养分比例，普及科学施肥方法。

根据新荣区土壤养分特点，制定全区主要作物无公害施肥标准如下：

1. 玉米　中水肥地，亩产400～500千克，亩施N 8～12千克、P_2O_5 5～6千克、硫酸锌1.5千克；旱地玉米，亩施N 5.0千克，P_2O_5 4.0千克、K_2O 3.0千克、硫酸锌1.5千克。

2. 蔬菜　叶菜类：白菜、甘蓝等，一般亩产3 000～4 000千克，亩施有机肥3 000千克以上、N 15～20千克、P_2O_5 7～9千克、K_2O 5～7千克；果菜类：如番茄、黄瓜、青椒、黄花菜等，一般亩产4 000～5 000千克，亩施有机肥3 000千克、N 20～25千克、P_2O_5 10～15千克、K_2O 10～15千克。

3. 马铃薯　一般亩产1 000～1 500千克，亩施有机肥2 000千克、N 7.0～8.0千克、P_2O_5 4～6千克、K_2O 5～7千克。

4. 豆类　一般亩产150千克左右，亩施N 2.5～3.5千克、P_2O_5 3～4.5千克，每千克豆种用4克钼酸铵拌种。

5. 谷黍　一般亩产200千克，亩施N 4.0～5.0千克、P_2O_5 2.0～3.0千克。

第五节 耕地质量管理对策

耕地地力调查与质量评价成果为新荣区耕地质量管理提供了依据，耕地质量管理决策的制定，成为全区农业可持续发展的核心内容。

一、建立依法管理体制

(一)工作思路

以发展优质高效、生态、安全农业为目标，以耕地质量动态监测管理为核心，以土壤地力改良利用为重点，通过农业种植业结构调查，合理配置现有农业用地，逐步提高耕地地力水平，满足人民日益增长的农产品需求。

(二)建立完善行政管理机制

1. 制定总体规划 坚持"因地制宜、统筹兼顾，局部调整、挖掘潜力"的原则，制定新荣区耕地地力建设与土壤改良利用总体规划，实行耕地用养结合，划定中低产田改良利用范围和重点，分区制定改良措施，严格统一组织实施。

2. 建立以法保障体系 制定并颁布《新荣区耕地质量管理办法》，设立专门监测管理机构，区、乡、村三级设定专人监督指导，分区布点，建立监控档案，依法检查污染区域项目治理工作，确保工作高效到位。

3. 加大资金投入 区政府要加大资金支持，区财政每年从支农资金中列支专项资金，用于全区中低产田改造和耕地污染区域综合治理，建立财政支持下的耕地质量信息网络，推进工作有效开展。

(三)强化耕地质量技术实施

1. 提高土壤肥力 组织区、乡农业技术人员实地指导，组织农户合理轮作，平衡施肥，安全施药、施肥，推广秸秆还田、种植绿肥、施用生物菌肥，多种途径提高土壤肥力，降低土壤污染，提高土壤质量。

2. 改良中低产田 实行分区改良，重点突破。灌溉改良区重点抓好灌溉配套设施的改造、节水浇灌、挖潜增灌、扩大水浇地面积，丘陵、山区中低产区要广辟肥源，深耕保墒，轮作倒茬，粮草间作，扩大植被覆盖率，修整梯田，达到增产增效目标。

二、建立和完善耕地质量监测网络

随着新荣区工业化进程的不断加快，工业污染日益严重，在重点工业生产区域建立耕地质量监测网络已迫在眉睫。

1. 设立组织机构 耕地质量监测网络建设，涉及环保、土地、水利、经贸、农业等多个部门，需要区政府协调支持，成立依法行政管理机构。

2. 配置监测机构 由区政府牵头，各职能部门参与，组建新荣区耕地质量监测领导组，在区环保局下设办公室，设定专职领导与工作人员，建立企业治污工程体系，制定工作细则和工作制度，强化监测手段，提高行政监测效能。

3. 加大宣传力度 采取多种途径和手段，加大《环保法》宣传力度，在重点污排企业及周围乡村印刷宣传广告，大力宣传环境保护政策及科普知识。

4. 监测网络建立 新荣区依据本次耕地质量调查评价结果，划定安全、非污染、轻污染、中度污染、重污染五大区域，每个区域确定10～20个点，定人、定时、定点取样监测检验，填写污染情况登记表，建立耕地质量监测档案。对污染区域的污染源，要查清原因，由区耕地质量监测机构依据检测结果，强制企业污染限期限时达标治理。对未能限期达标企业，一律实行关停整改，达标后方可生产。

5. 加强农业执法管理 由新荣区农业、环保、质检行政部门组成联合执法队伍，宣传农业法律知识，对市场化肥、农药实行市场统一监控、统一发布，将假冒农用物资一律依法查封销毁。

6. 改进治污技术 对不同污染企业采取烟尘、污水、污碴分类科学处理转化。对工业污染河道及周围农田，采取有效的物理、化学降解技术，降解铅、镉及其他重金属污染物，并在河道两岸50米栽植花草、林木、净化河水，美化环境；对化肥、农药污染农田，要划区治理，积极利用农业科研成果，组成科技攻关组，应用降解剂，逐步消解污染物。

7. 推广农业综合防治技术 在增施有机肥降解大田农药、化肥及垃圾废弃物污染的同时，积极宣传推广微生物菌肥，以改善土壤的理化性状，改变土壤溶液酸碱度，改善土壤团粒结构，减轻土壤板结，提高土壤保水、保肥性能。

三、农业税费政策与耕地质量管理

目前，农业税费改革和粮食补贴政策的出台调动了农民粮食生产的积极性，成为耕地质量恢复与提高的内在动力，对新荣区耕地质量的提高具有以下几个作用：

1. 加大耕地投入，提高土壤肥力 目前，新荣区山区、丘陵面积大，中低产田分布区域广，粮食生产能力较低。税费改革政策的落实有利于提高单位面积耕地养分投入水平，逐步改善土壤养分含量，改善土壤理化性状，提高土壤肥力，保障粮食产量恢复性增长。

2. 改进农业耕作技术，提高土壤生产性能 农民积极性的调动，成为耕地质量提高的内在动力，将促进农民平田整地、耙耱保墒，加强耕地机械化管理，缩减中低产田面积，提高耕地地力等级水平。

3. 采用先进农业技术，增加农业比较效益 采取有机旱作农业技术，合理优化栽培技术，加强田间管理，节本增效，提高农业比较效益。

农民以田为本，以田谋生，农业税费政策出台以后，土地属性发生变化，农民由有偿支配变为无偿使用，成为农民家庭财富的一部分，对农民增收和国家经济发展将起到积极的推动作用。

四、扩大无公害农产品生产规模

在国际农产品质量标准市场一体化的形势下，扩大新荣区无公害农产品生产成为满足社会消费需求和农民增收的关键。

（一）理论依据

综合评价结果，耕地无污染的占 0%，果园无污染的占 0%，适合生产无公害农产品，适宜发展绿色农业生产。

（二）扩大生产规模

在新荣区发展绿色无公害农产品，扩大生产规模，要根据耕地地力调查与质量评价结果为依据，充分发挥区域比较优势，合理布局，规模调整。一是粮食生产上，在全区发展，10 万亩无公害优质玉米，10 万亩无公害优质小杂粮；二是在蔬菜生产上，发展无公害蔬菜 3 万亩，日光温室 300 栋；三是发展无公害优质马铃薯 6 万亩；四是大力发展绿肥面积。

（三）配套管理措施

1. 建立组织保障体系　设立新荣区无公害农产品生产领导组，下设办公室，地点在新荣区农业委员会。组织实施项目列入区政府工作计划，单列工作经费，由区财政负责执行。

2. 加强质量检测体系建设　成立新荣区无公害农产品质量检验技术领导组，区、乡下设两级监测检验的网点，配备设备及人员，制定工作流程，强化监测检验手段，提高检测检验质量，及时指导生产基地技术推广工作。

3. 制定技术规程　组织技术人员建立新荣区无公害农产品生产技术操作规程，重点抓好平衡施肥，合理施用农药，细化技术环节，实现标准化生产。

4. 打造绿色品牌　重点实施好无公害蔬菜、果品等生产。

五、加强农业综合技术培训

自 20 世纪 80 年代起，新荣区就建立起区、乡、村三级农业技术推广网络。区农业技术推广中心牵头，搞好技术项目的组织与实施，负责划区技术指导，各乡（镇）统一配备 1 名科技副乡（镇）长，行政村配备 1 名科技副村长，在全区设立农业科技示范户。先后开展了玉米、蔬菜、水果、小杂粮、马铃薯等优质高产高效生产技术培训，推广了旱作农业、生物覆盖、玉米地膜覆盖、双千创优工程及设施蔬菜"四位一体"综合配套技术。

现阶段，新荣区农业综合技术培训工作一直保持领先，有机旱作、测土配方施肥、节水灌溉、生态沼气、无公害蔬菜生产技术推广已取得明显成效。充分利用这次耕地地力调查与质量评价，主抓以下几方面技术培训：一是宣传加强农业结构调整与耕地资源有效利用的目的及意义；二是全区中低产田改造和土壤改良相关技术推广；三是耕地地力环境质量建设与配套技术推广；四是绿色无公害农产品生产技术操作规程；五是农药、化肥安全施用技术培训；六是农业法律、法规、环境保护相关法律的宣传培训。

通过技术培训，使新荣区农民掌握必要的知识与生产实行技术，推动耕地地力建设，提高农业生态环境、耕地质量环境的保护意识，发挥主观能动性，不断提高全区耕地地力水平，以满足日益增长的人口和物资生活需求，为全面建设小康社会打好农业发展基础平台。

第六节　耕地资源管理信息系统的应用

耕地资源信息系统以一个区行政区域内耕地资源为管理对象，应用 GIS 技术，对辖区内的地形、地貌、土壤、土地利用、农田水利、土壤污染、农业生产基本情况、基本农田保护区等资料进行统一管理，构建耕地资源基础信息系统，并将其数据平台与各类管理模型结合，对辖区内的耕地资源进行系统的动态管理，为农业决策、农民和农业技术人员提供耕地质量动态变化规律、土壤适宜性、施肥咨询、作物营养诊断等多方位的信息服务。

本系统行政单元为村，农业单元为基本农田保护块，土壤单元为土种，系统基本管理单元为土壤、基本农田保护块、土地利用现状叠加所形成的评价单元。

一、领导决策依据

本次耕地地力调查与质量评价直接涉及耕地自然要素、环境要素、社会要素和经济要素 4 个方面，为耕地资源信息系统的建立与应用提供了依据。通过全区生产潜力评价、适宜性评价、土壤养分评价、科学施肥、经济性评价、地力评价及产量预测，及时指导农业生产的发展，为农业技术推广应用作好信息发布，为用户需求分析及信息反馈打好基础。主要依据：一是新荣区耕地地力水平和生产潜力评估为农业远期规划和全面建设小康社会提供了保障；二是耕地质量综合评价，为领导提供了耕地保护和污染修复的基本思路，为建立和完善耕地质量检测网络提供了方向；三是耕地土壤适宜性及主要限制因素分析为全区农业调整提供了依据。

二、动态资料更新

在本次新荣区耕地地力调查与质量评价中，耕地土壤生产性能主要包括地形部位、土体构型、较稳定的物理性状、易变化的化学性状和农田基础建设 5 个方面。耕地地力评价标准体系与 1984 年土壤普查技术标准出现部分变化，耕地要素中基础数据有大量变化，为动态资料更新提供了新要求。

（一）耕地地力动态资源内容更新

1. 评价技术体系有较大变化　本次调查与评价主要运用了"3S"评价技术。在技术方法上，采用文字评述法、专家经验法、模糊综合评价法、层次分析法、指数和法；在技术流程上，应用了叠置法确定评价单元，空间数据与属性数据相连接，采用特尔菲法和模糊综合评价法，确定评价指标，应用层次分析法确定各评价因子的组合权重，用数据标准化计算各评价因子的隶属函数并将数值进行标准化，应用了累加法计算每个评价单元的耕地力综合评价指数，分析综合地力指数，分布划分地力等级，将评价的地方等级归入农业部地力等级体系，采取 GIS、GPS 系统编绘各种养分图和地力等级图等图件。

2. 评价内容有较大变化　除原有地形部位、土体构型等基础耕地地力要素相对稳定以外，土壤物理性状、易变化的化学性状、农田基础建设等要素变化较大，尤其是有机质、pH、有效磷、速效钾指数变化明显。

3. 增加了耕地质量综合评价体系 土样、水样化验检测结果为新荣区绿色、无公害农产品基地建立和发展提供了理论依据。图件资料的更新变化，为今后全区农业宏观调控提供了技术准备，空间数据库的建立为全区农业综合发展提供了数据支持，加速了全区农业信息化快速发展。

（二）动态资料更新措施

结合本次耕地地力调查与质量评价，新荣区及时成立技术指导组，确定专门技术人员，从土样采集、化验分析、数据资料整理编辑，电脑网络连接畅通，保证了动态资料更新及时、准确，提高了工作效率和质量。

三、耕地资源合理配置

（一）目的意义

多年来，新荣区耕地资源盲目利用，低效开发，重复建设情况十分严重，随着农业经济发展方向的不断延伸，农业结构调整缺乏借鉴技术和理论依据。本次耕地地力调查与质量评价成果对指导全区耕地资源合理配置，逐步优化耕地利用质量水平，对提高土地生产性能和产量水平具有现实意义。

新荣区耕地资源合理配置思路是：以确保粮食安全为前提，以耕地地力质量评价成果为依据，以统筹协调发展为目标，用养结合，因地制宜，内部挖潜，发挥耕地最大生产效益。

（二）主要措施

1. 加强组织管理，建立健全工作机制 新荣区将组建耕地资源合理配置协调管理工作体系，由农业、土地、环保、水利、林业等职能部门分工负责，密切配合，协同作战。技术部门要抓好技术方案制定和技术宣传培训工作。

2. 加强农田环境质量检测，抓好布局规划 将企业列入耕地质量检测范围。企业要加大资金投入和技术改造，降低"三废"对周围耕地污染，因地制宜大力发展绿色无公害农产品优势生产基地。

3. 加强耕地保养利用，提高耕地地力 依照耕地地力等级划分标准，划定新荣区耕地地力分布界限，推广平衡施肥技术，加强农田水利基础设施建设，平田整地，淤地打坝，中低产田改良，植树造林，扩大植被覆盖面，防止水土流失，提高梯（园）田化水平。采用机械耕作，加深耕层，熟化土壤，改善土壤理化性状，提高土壤保水保肥能力。划区制定技术改良方案，将全区耕地地力水平分级划分到村、到户，建立耕地改良档案，定期定人检查验收。

4. 重视粮食生产安全，加强耕地利用和保护管理 根据新荣区农业发展远景规划目标，要十分重视耕地利用保护与粮食生产之间的关系。人口不断增长，耕地逐年减少，要解决好建设与吃饭的关系，合理利用耕地资源，实现耕地总面积动态平衡，解决人口增长与耕地矛盾，实现农业经济和社会可持续发展。

总之，耕地资源配置，主要是各土地利用类型在空间上的整体布局；另一层含义是指同一土地利用类型在某一地域中是分散配置还是集中配置。耕地资源空间分布结构折射出其地域特征，而合理的空间分布结构可在一定程度上反映自然生态和社会经济系统间的协调程度。耕地的配置方式，对耕地产出效益的影响截然不同，经过合理配置，农村耕地相对规模集中，既利于农业管理，又利于减少投工投资，耕地的利用率将有较大提高。

一是严格执行《基本农田保护条例》，增加土地投入，大力改造中低产田，使农田数量与质量稳步提高；二是园地面积要适当调整，淘汰劣质果园或高接换头，发展优质果品生产基地；三是林草地面积适量增长，加大四荒拍卖开发力度，种草植树，力争森林覆盖率达到30％，牧草面积占到耕地面积的2％以上。搞好河道、滩涂地有效开发，增加可利用耕地面积。加大小流域综合治理，在搞好耕地整治规划的同时，治山治坡、改土造田、基本农田建设与农业综合开发结合进行；要采取措施，严控企业占地，严控农村宅基地占用一级、二级耕田，加大农村废弃宅基地的返田改造，盘活耕地存量调整，"开源"与"节流"并举，加快耕地使用制度改革。实行耕地使用证发放制度，促进耕地资源的有效利用。

四、土、肥、水、热资源管理

（一）基本状况

新荣区耕地自然资源包括土、肥、水、热资源。它是在一定的自然和农业经济条件下逐渐形成的，其利用及变化均受到自然、社会、经济、技术条件的影响和制约。自然条件是耕地利用的基本要素。热量与降水是气候条件最活跃的因素，对耕地资源影响较为深刻，不仅影响耕地资源类型形成，更重要的是直接影响耕地的开发程度、利用方式、作物种植、耕作制度等方面。土壤肥力则是耕地地力与质量水平基础的反映。

1. 光热资源 新荣区属温带大陆性季风气候，四季分明，冬季寒冷干燥，夏季炎热多雨。据近年气象记载，全区年平均气温5.3℃，极端最低气温为−32.1℃，极端最高气温为37.7℃。光能资源丰富，年平均日照时数2 821.6小时，全年太阳总辐射量为610千焦/平方厘米，全年≥0℃积温2 600～2 900℃，≥10℃有效积温2 500℃。封冻期一般在11月初至翌年4月初，130～145天。冻土深度平均为154厘米，最深达166厘米，最浅达98厘米。无霜期110～125天。

2. 降水量与水文资源 新荣区降水因受季风的影响，暖湿气团在逐渐向西北深入过程中，水分沿途消耗，成云致雨的可能性大有变化。所以，据气象部门统计，10年平均降水量356.7毫米，年最多降水量654.3毫米（1967年），年最少降水量220.2毫米（1965年），但地区差异很大，一般随着海拔的升高，降水量增加，温度降低。所以，降水量山区多于丘陵，丘陵多于平川。因受副热带高压脊线北移影响，年降水量分布时空分布不均，一般冬春季稀少，夏秋季较多，60％的雨量集中在7月、8月、9月这3个月内，此时温度也高，雨热同期，对作物生长十分有利，但春季降水偏少，而且春季常刮西北风，很容易造成土壤干旱、作物缺苗断垄，素有"十年九春旱"之称。

3. 土壤肥力水平 新荣区耕地土壤类型为潮土、粗骨土、栗钙土、山地草甸土等，各土类及情况见表 4-1。全区土壤质地较好，主要分为壤土、沙壤土、壤质土、黏质土等类型。

（二）管理措施

在新荣区建立土壤、肥力、水热资源数据库，依照不同区域土、肥、水热状况，分类分区划定区域，设立监控点位，定人、定期填写检测结果，编制档案资料，形成有连续性的综合数据资料，有利于指导全区耕地地力恢复性建设。

五、科学施肥体系与灌溉制度的建立

（一）科学施肥体系建立

新荣区平衡施肥工作起步较早，最早始于 20 世纪 70 年代末定性的氮磷配合施肥，80 年代初为半定量的初级配方施肥，90 年代以来，有步骤定期开展土壤肥力测定，逐步建立了适合全区不同作物、不同土壤类型的施肥模式。在施肥技术上，提倡"增施有机肥，稳施氮肥，增施磷，补施钾肥，配施微肥和生物菌肥"。

根据新荣区耕地地力调查结果看，土壤有机质及大量元素发生了较大变化。与 1979 年全国第一次土壤普查时的耕层养分测定结果相比，30 年间，土壤有机质增加了 4.07 克/千克，全氮降低了 0.04 克/千克，有效磷降低了 0.69 毫克/千克，速效钾降低了 1 毫克/千克。

1. 调整施肥思路　以节本增效为目标，立足抗旱栽培，着力提高肥料利用率；采取"增氮、稳磷、补钾、配微"原则，坚持有机肥与无机肥相结合，合理调整养分比例，按耕地地力与作物类型分期供肥，科学施用。

2. 施肥方法

（1）因土施肥：不同土壤类型保肥、供肥性能不同。对新荣区丘陵区旱地，土壤的土体构型为通体壤，一般将肥料做基肥一次施用效果最好；对各河两岸的壤土、黏壤土等构型土壤，肥料特别是钾肥应少量多次施用。

（2）因品种施肥：肥料品种不同，施肥方法也不同。对碳酸氢铵等易挥发性化肥，必须集中深施覆盖土，一般为 10～20 厘米，硝态氮肥易流失，宜做追肥，不宜大水漫灌；尿素为高浓度中性肥料，做底肥和叶面喷肥效果最好，在旱地做基肥集中条施。磷肥易被土壤固定，常作基肥和种肥，要集中沟施，切忌撒施土壤表面。

（3）因苗施肥：对基肥充足，生长旺盛的田块，要少量控制氮肥，少追或推迟追肥时期；对基肥不足，生长缓慢田块，要施足基肥，多追或早追氮肥；对后期生长旺盛的田块，要控氮补磷施钾。

3. 选定施用时期　因作物选定施肥时期。玉米追肥宜选在拔节期和大喇叭口期施肥，同时可采用叶面喷施锌肥。

在作物喷肥时间上，要看天气施用，要选无风、晴朗天气，早上 8：00～9：00 或下午 16：00 以后喷施。

4. 选择适宜的肥料品种和合理的施用量施肥　在品种选择上，增施有机肥、高温堆沤积肥、生物菌肥；严格控制硝态氮肥施用，忌在忌氯作物上施用氯化钾，提倡施用硫酸钾肥，补施铁肥、锌肥、硼肥等微量元素化肥。在化肥用量上，要坚持无害化施用原则，一般菜田，亩施腐熟农家肥 3 000～5 000 千克、尿素 25～30 千克、磷肥 40 千克、钾肥 10～15 千克。日光温室以黄瓜为例，一般亩产 7 000 千克，亩施有机肥 10 000 千克、磷酸二铵 70 千克、硫酸钾 40 千克、尿素 20 千克，配施适量硼、锌等微量元素。

（二）灌溉制度的建立

新荣区为贫水区之一，主要采取抗旱节水灌溉为主。

1. 旱地区集雨灌溉模式　主要采用有机旱作技术模式，深翻耕作，加深耕层，平田整地，提高园（梯）田化水平，地膜覆盖，垄际集雨纳墒，秸秆覆盖蓄水保墒，高灌引水，节水管灌等配套技术措施，提高旱地农田水分利用率。

2. 扩大井水灌溉面积　水源条件较好的旱地，打井造渠，利用分畦浇灌或管道渗灌、喷灌，节约用水，保障作物生育期一次透水。平川井灌区要修整管道、防渗渠，按作物需水高峰期浇灌，全生育期保证 2～3 水，满足作物生长需求。切忌大水漫灌。

3. 日光温室全部采用滴灌模式　高效节水、省工省力，棚内湿度降低，减少病害。

（三）体制建设

在新荣区建立科学施肥与灌溉制度，农业、技术部门要严格细化相关施肥技术方案，积极宣传和指导；水利部门要抓好淤地打坝、井灌配套等基本农田水利设施建设，提高灌溉能力；林业部门要加大荒坡、荒山植树造林、绿化环境，改善气候条件，提高年际降雨量；农业环保部门要加强基本农田及水污染的综合治理，改善耕地环境质量和灌溉水质量。

六、信息发布与咨询

耕地地力与质量信息发布与咨询，直接关系到耕地地力水平的提高，关系到农业结构调整与农民增收目标的实现。

（一）体系建立

以新荣区农业技术部门为依托，在山西省、大同市农业技术部门的支持下，建立耕地地力与质量信息发布咨询服务体系，建立相关数据资料展览室，将全区土壤、土地利用、农田水利、土壤污染、基本农田保护区等相关信息融入电脑网络之中，充分利用区、乡两级农业信息服务网络，对辖区内的耕地资源进行系统的动态管理，为农业生产和结构调整做好耕地质量动态变化、土壤适宜性、施肥咨询、作物营养诊断等多方位的信息服务。在乡村建立专门试验示范生产区，专业技术人员要做好协助指导管理，为农户提供技术、市场、物资供求信息，定期记录监测数据，实现规范化管理。

（二）信息发布与咨询服务

1. 农业信息发布与咨询　重点抓好玉米、马铃薯、蔬菜、水果、小杂粮等适栽品种供求动态、适栽管理技术、无公害农产品化肥和农药科学施用技术、农田环境质量技术标准的入户宣传、编制通俗易懂的文字、图片发放到每家每户。

2. 开辟空中课堂抓宣传　充分利用覆盖新荣区的电视传媒信号，定期做好专题资料宣传，并设立信息咨询服务电话热线，及时解答和解决农民提出的各种疑难问题。

3. 组建农业耕地环境质量服务组织　在新荣区乡村选拔科技骨干及科技副村长，统一组织耕地地力与质量建设技术培训，组成农业耕地地力与质量管理服务队，建立奖罚机制，鼓励他们谏言献策，提供耕地地力与质量方面信息和技术思路，服务于全区农业发展。

4. 建立完善执法管理机构　成立由新荣区土地、环保、农业等行政部门组成的综合行政执法决策机构，加强对全区农业环境的执法保护。开展农资市场打假，依法保护基本农田，监控企业污染，净化农业发展环境。同时配合宣传相关法律、法规，让群众家喻户晓，自觉接受社会监督。

第七节　新荣区优质玉米耕地适宜性分析报告

新荣区历年来玉米种植面积保持在 6 万亩左右，其中水浇地 0.3 万亩。近年来随着食品工业的快速发展和人们生活水平的不断提高，对优质玉米的需求呈上升趋势，因此，充分发挥区域优势，搞好优质玉米生产，抵御入世后对玉米生产的冲击，对提升玉米产业化水平，满足市场需求，提高市场竞争力意义重大。

一、优质玉米生产条件的适宜性分析

新荣区属温带大陆性季风气候区，年平均气温 5.3℃，≥10℃的有效积温为 2 500℃，全年无霜期 115 天，全年降水量平均为 356.7 毫米。土壤类型主要为栗钙土、潮土，理化性能较好，为优质玉米生产提供了有利的环境条件。

优质玉米产区耕地地力现状

1. 平川区　该区耕地面积为 1 500 亩，该区有机质含量 11.03 克/千克，属省四级水平；全氮 0.57 克/千克，属省四级水平；有效磷 4.32 毫克/千克，属省五级水平；速效钾 75.3 毫克/千克，属省四级水平；微量元素锰、钼、硼、铁均属省四级水平。

2. 丘陵区　该区耕地面积为 5.85 万亩，该区有机质含量 11.37 克/千克，属省四级水平，全氮 0.51 克/千克，属省四级水平，有效磷含量 4.52 毫克/千克，属省五级水平；速效钾含量 73.4 毫克/千克，属省四级水平；微量元素钼、硼、铁含量较低。

二、优质玉米生产技术要求

（一）引用标准

GB 3095—1982 大气环境质量标准；GB 9137—1988 大气污染物最高允许浓度标准；GB 5084—1992 农田灌溉水质标准；GB 15618—1995 土壤环境质量标准；GB 3838—1988 国家地下水环境质量标准；GB 4285—1989 农药安全使用标准。

（二）具体要求

1. 土壤条件　优质玉米的生产必须以良好的土、肥水、热、光等条件为基础。实践证明，耕层土壤养分含量一般应达到下列指标，有机质 12.2±1.48 克/千克，全氮 0.84±0.08 克/千克，有效磷 29.8±14.9 毫克/千克，速效钾 91±25 毫克/千克为宜。

2. 生产条件 优质玉米生产在地力、肥力条件较好的基础上，应选用产量高、增产潜力大、紧凑耐密品种，这是实现玉米高产的前提。

（三）播种及管理

1. 种子处理 目前，市场上供应的玉米包衣种子，由于受到技术成本等条件的限制，包衣剂的用量还不能够彻底解决玉米病虫害问题。近年来，我们对玉米种子进行二次包衣，取得了理想的防治病虫害效果，用"高巧"＋立克秀二次包衣不会对种子产生任何影响，不仅可以预防丝黑穗病、病毒病，而且还解决了地下害虫的为害问题，更重要的是每亩能够增产玉米 50 千克，既预防主要病虫害，又能对玉米起到增产作用。二次包衣方法是："高巧" 1 瓶（30 毫升）＋立克秀（10 毫升）对水 300～400 克包衣种子 6.5～7.5 千克，要在室内操作，包衣后将种子倒在铺有塑料布的地面上阴干（24 小时）即可播种，不能在室外晒干。

2. 整地施肥 去秋深耕，早春要镇压耙磨使土地细碎，地面平整，播前旋耕后要立即耙磨，使土中无暗坷垃，无大空隙，上虚下实为播种创造良好条件。施肥应以基肥为主，追肥为辅，按需施肥的原则。产量水平为 200～300 千克的玉米，亩施氮肥 6～8 千克、磷肥 3～5.5 千克、锌肥 1～2 千克、有机肥 1 000～1 500 千克；产量水平为 300～400 千克，亩施氮肥 7～10 千克、磷肥 4～6 千克、钾肥 5～15 千克、锌肥 2～3 千克、有机肥 1 000 千克；产量水平在 400 千克以上，亩施氮肥 9.5～12.5 千克、磷肥 7～11 千克、钾肥 2～5 千克、锌肥 3～5 千克、有机肥 1 000 千克。

3. 精细播种，合理密植 合理的种植密度是发挥品种增产潜力的重要措施，创建合理的群体结构，充分利用土、肥、水、气、热等自然资源和生产条件，协调好群体和个体之间、植株地上部分与地下部分之间的关系是实现高产的重要保证。玉米种植要采取宽窄行种植，大行 0.6 米，小行 0.4 米，密度根据土壤条件、品种特性而定，一般 4 000 株左右，播期应在 4 月 25 日左右。

4. 管理

（1）出苗后管理：出苗后要及时查苗补种，这是确保全苗的关键。出苗后遇雨，待墒情适宜时，及时精耕划锄，破除板结，通气，保根系生长。

（2）化学除草：新荣区春季风大干旱，使用苗前除草效果不理想，应选择苗后除草，当幼苗出齐后 3～5 叶时可用老马金锄（丙。莠。滴丁酯）每亩用 280 克对水 30 千克，在上午 9：00 前和下午 16：00 后无风时喷雾，除草效果较好。

（3）及时打杈去蘖：即拔节前在茎基部长出分蘖，分蘖茎上一般不结果穗，因此必须在拔节前后随见随去。去蘖应早些，以免浪费营养和损伤主茎与根系。

（4）适时浇水施肥：玉米拔节孕穗期是需水肥最旺盛期，也是玉米生长关键期，加上气温高，田间蒸发量大，应适时浇水施肥。特别是大喇叭口期是玉米雌、雄穗分化发育关键期，也是玉米需水临界期，遇旱极易形成"卡脖旱"造成花期不育，结实不好的后果。所以大喇叭口期确保浇 1 次透水，结合浇水亩追肥尿素 5～10 千克。玉米乳熟期浇水追肥 1 次，以保证玉米颗粒饱满，增加玉米百粒重。

（5）及时防治双斑萤叶甲：双斑萤叶甲属鞘翅目、叶甲科，近年来，在新荣区玉米抽穗吐丝期发生严重，取食花丝，使玉米授粉受阻造成缺粒，及时防治双斑萤叶甲，每亩用高效氯氰菊酯 100 克对水 30 千克喷雾防治。

（6）适当晚收：适当晚收能保证籽粒充分灌浆和成熟，眼现"乳线"消失为最好，从初熟期到完熟期每推迟 1 天，千粒重可增加 3～4 克，因此，适当晚收可达到提高玉米产量的目的。

第八节　新荣区耕地质量状况与马铃薯

新荣区 2010 年马铃薯种植面积达 6 万亩，主要分布在破鲁堡、新荣、郭家窑、堡子湾等乡（镇）。该区属温带大陆性季风气候，光热资源丰富，昼夜温差较大，地势平坦，土壤较肥沃，土层深厚，质地通透性好，年平均气温 5.3℃，≥10℃的积温在 2 500℃左右，降水量为 360 毫米左右。2011 年，新荣区把马铃薯的生产作为区里的主要产业之一，建立了两个 1 000 亩以上的马铃薯种薯繁殖园区，为新荣区马铃薯的标准化生产提供的必要的良种支持。

一、马铃薯主产区耕地质量现状

从本次调查结果得知，马铃薯产区的土壤理化性状为：有机质含量平均值为 10.45 克/千克，属省四级水平；全氮含量平均值为 0.63 克/千克，属省四级水平；有效磷含量平均值为 4.35 毫克/千克，属省五级水平；速效钾含量平均值为 87 毫克/千克，属省四级水平；交换性钙 8.35 克/千克属省三级水平；交换镁 0.53 克/千克，属省三级水平；微量元素含量铜属省二级水平，锌属省二级水平，铁、锰属省四级水平，硼属省三级水平。pH 为 8.09～8.48，平均值为 8.38。

二、马铃薯标准化生产技术规程

1. 范围　本标准规定了无公害食品马铃薯生产的术语和定义、产地环境、生产技术、病虫害防治、采收和生产档案。

本标准适用于无公害食品马铃薯的生产。

2. 引用的标准

GB 4285　农药安全使用标准

GB 4406　种薯

GB/T 8321（所有部分）　农药合理使用准则

GB 18133　马铃薯脱毒种薯

NY/T 496　肥料合理使用准则　通则

NY 5010　无公害食品　蔬菜产地环境条件

NY 5024　无公害食品　马铃薯

3. 术语和定义　下列术语和定义适用于本标准。

脱毒种薯 virus-free seed potatoes　经过一系列物理、化学、生物或其他技术措施处理，获得在病毒检测后未发现主要病毒的脱毒苗（薯）后，经脱毒种薯生产体系繁殖的符合《马铃薯脱毒种薯》（GB 18133）标准的各级种薯。

脱毒种薯分为基础种薯和合格种薯 2 类。基础种薯是经过脱毒苗（薯）繁殖，用于生产合格种薯的原原种和由原原种繁殖的原种。合格种薯是用于生产商品薯的种薯。

休眠期 period of dormancy 生产上指，在适宜条件下，块茎从收获到块茎幼芽自然萌发的时期。马铃薯块茎的休眠实际开始于形成块茎的时期。

4. 产地环境 产地环境条件应符合《无公害食品蔬菜产地环境条件》（NY 5010）的规定。选择排灌方便、土层深厚、土壤结构疏松、中性或微酸性的砂壤土或壤土，并要求 3 年以上未重茬栽培马铃薯的地块。

5. 生产技术

（1）播种前准备：

①品种与种薯。选用抗病、优质、丰产、抗逆性强、适应当地栽培条件、商品性好的各类专用品种。种薯质量应符合《马铃薯脱毒种薯》（GB 18133）和《种薯》（GB 4406）的要求。

②种薯催芽。播种前 15～30 天将冷藏或经物理、化学方法人工解除休眠的种薯置于 15～20℃、黑暗处平铺 2～3 层。当芽长至 0.5～1 厘米时，将种薯逐渐暴露在散射光下壮芽，每隔 5 天翻动 1 次。在催芽过程中淘汰病、烂薯和纤细芽薯。催芽时要避免阳光直射、雨淋和霜冻等。

③切块。提倡小整薯播种。播种时温度较高，湿度较大，雨水较多的地区，不宜切块。必要时，在播前 4～7 天，选择健康的、生理年龄适当的较大种薯切块。切块大小以 30～50 克为宜。每个切块带 1～2 个芽眼。切刀每使用 10 分钟后或在切到病、烂薯时，用 5% 的高锰酸钾溶液或 75% 酒精浸泡 1～2 分钟或擦洗消毒。切块后立即用含有多菌灵（约为种薯重量的 0.3%）或甲霜灵（约为种薯重量的 0.1%）的不含盐碱的植物草木灰或石膏粉拌种，并进行摊晾，使伤口愈合，勿堆积过厚，以防烂种。

④整地。深耕，耕作深度 20～30 厘米。整地，使土壤颗粒大小合适。并根据当地的栽培条件、生态环境和气候情况进行作畦、作垄或平整土地。

⑤施基肥。按照《肥料合理使用准则 通则》（NY/T 496）要求，根据土壤肥力，确定相应施肥量和施肥方法。氮肥总用量的 70% 以上和大部分磷、钾肥料可基施。农家肥和化肥混合施用，提倡多施农家肥。农家肥结合耕翻整地施用，与耕层充分混匀，化肥做种肥，播种时开沟施。适当补充中、微量元素。每生产 1 000 千克薯块的马铃薯需肥量：氮肥（N）5～6 千克，磷肥（P_2O_5）1～3 千克，钾肥（K_2O）12～13 千克。

（2）播种：

①时间。根据气象条件、品种特性和市场需求选择适宜的播期。一般土壤深约 10 厘米处、地温为 7～22℃ 时适宜播种。

②深度。地温低而含水量高的土壤宜浅播，播种深度约 5 厘米；地温高而干燥的土壤宜深播，播种深度约 10 厘米。

③密度。不同的专用型品种要求不同的播种密度。一般早熟品种每公顷种植 60 000～70 000 株，中晚熟品种每公顷种植 50 000～60 000 株。

④方法。人工或机械播种。降水量少的干旱地区宜平作，降雨量较多或有灌溉条件的地区宜垄作。播种季节地温较低或气候干燥时，宜采用地膜覆盖。

（3）田间管理：

①中耕除草。齐苗后及时中耕除草，封垄前进行最后一次中耕除草。

②追肥。视苗情追肥，追肥宜早不宜晚，宁少毋多。追肥方法可沟施、点施或叶面喷施，施后及时灌水或喷水。

③培土。一般结合中耕除草培土 2～3 次。出齐苗后进行第一次浅培土，显蕾期高培土，封垄前最后一次培土，培成宽而高的大垄。

④灌溉和排水。在整个生长期土壤含水量保持在 60％～80％。出苗前不宜灌溉，块茎形成期及时适量浇水，块茎膨大期不能缺水。浇水时忌大水漫灌。在雨水较多的地区或季节，及时排水，田间不能有积水。收获前视气象情况 7～10 天停止灌水。

6. 病虫害防治

（1）防治原则：按照"预防为主，综合防治"的植保方针，坚持以"农业防治、物理防治、生物防治为主，化学防治为辅"的无害化治理原则。

（2）主要病虫害：主要病害为晚疫病、青枯病、病毒病、癌肿病、黑胫病、环腐病、早疫病、疮痂病等。主要虫害为蚜虫、蓟马、粉虱、金针虫、块茎蛾、地老虎、蛴螬、二十八星瓢虫、潜叶蝇等。

（3）农业防治：

①针对主要病虫控制对象，因地制宜选用抗（耐）病优良品种，使用健康的不带病毒、病菌、虫卵的种薯。

②合理品种布局，选择健康的土壤，实行轮作倒茬，与非茄科作物轮作 3 年以上。

③通过对设施、肥、水等栽培条件的严格管理和控制，促进马铃薯植株健康成长，抑制病虫害的发生。

④测土平衡施肥，增施磷、钾肥，增施充分腐熟的有机肥，适量施用化肥。

⑤合理密植，起垄种植，加强中耕除草、高培土、清洁田园等田间管理，降低病虫源数量。

⑥建立病虫害预警系统，以防为主，尽量少用农药和及时用药。

⑦及时发现中心病株并清除、远离深埋。

（4）生物防治：释放天敌，如捕食螨、寄生蜂、七星瓢虫等。保护天敌，创造有利于天敌生存的环境，选择对天敌杀伤力低的农药。利用 350～750 克/公顷的 16 000IU/毫克苏云金杆菌可湿性粉剂 1 000 倍液防治鳞翅目幼虫。利用 0.3％印楝乳油 800 倍液防治潜叶蝇、蓟马。利用 0.38％苦参碱乳油 300～500 倍液防治蚜虫以及金针虫、地老虎、蛴螬等地下害虫，利用 210～420 克/公顷的 72％农用硫酸链霉素可溶性粉剂 4 000 倍液，或 3％中生菌素可湿性粉剂 800～1 000 倍液防治青枯病、黑胫病或软腐病等多种细菌病害。

（5）物理防治：露地栽培可采用杀虫灯以及性诱剂诱杀害虫。保护地栽培可采用防虫网或银灰膜避虫、黄板（柱）以及性诱剂诱杀害虫。

（6）药剂防治：

①农药施用严格执行《农药安全使用标准》（GB 4285）和《农药合理使用准则》

［GB/T 8321（所有部分）］的规定。应对症下药，适期用药，更换使用不同的适用药剂，运用适当浓度与药量，合理混配药剂，并确保农药施用的安全间隔期。

②禁止施用高毒、剧毒、高残留农药：甲胺磷、甲基对硫磷、对硫磷、久效磷、磷胺、甲拌磷、甲基异柳磷、特丁硫磷、甲基硫环磷、治螟磷、内吸磷、克百威、涕灭威、灭线磷、硫环磷、蝇毒磷、地虫硫磷、氯唑磷、苯线磷等农药。

③主要病虫害防治

a. 晚疫病　在有利发病的低温、高湿天气，用2.5～3.2千克/公顷的70％代森锰锌可湿性粉剂600倍液，或2.25～3千克/公顷的25％甲霜灵可湿性粉剂500～800倍稀释液，或1.8～2.25千克/公顷的58％甲霜灵锰锌可湿性粉剂800倍稀释液，喷施预防，每7天左右喷1次，连续3～7次。交替使用。

b. 青枯病　发病初期用210～420克/公顷的72％农用链霉素可溶性粉剂4 000倍液，或3％中生菌素可湿性粉剂800～1 000倍液，或2.25～3千克/公顷的77％氢氧化铜可湿性微粒粉剂400～500倍液灌根，隔10天灌1次，连续灌2～3次。

c. 环腐病　用50毫克/千克硫酸铜浸泡薯种10分钟。发病初期，用210～420克/公顷的72％农用链霉素可溶性粉剂4 000倍液，或3％中生菌素可湿性粉剂800～1 000倍液喷雾。

d. 早疫病　在发病初期，用2.25～3.75千克/公顷的75％百菌清可湿性粉剂500倍液，或2.25～3千克/公顷的77％氢氧化铜可湿性微粒粉剂400～500倍液喷雾，每隔7～10天喷1次，连续喷2～3次。

e. 蚜虫　发现蚜虫时防治，用375～600克/公顷的5％抗蚜威可湿性粉剂1 000～2 000倍液，或150～300克/公顷的10％吡虫啉可湿性粉剂2 000～4 000倍液，或150～375毫升/公顷的20％的氰戊菊酯乳油3 300～5 000倍液，或300～600毫升/公顷的10％氯氰菊酯乳油2 000～4 000倍液等药剂交替喷雾。

f. 蓟马　当发现蓟马危害时，应及时喷施药剂防治，可施用0.3％印楝素乳油800倍液，或150～375毫升/公顷的20％的氰戊菊酯乳油3 300～5 000倍液，或450～750毫升/公顷的10％氯氰菊酯乳油1 500～4 000倍液喷施。

g. 粉虱　于种群发生初期，虫口密度尚低时，用375～525毫升/公顷的10％氯氰菊酯乳油2 000～4 000倍液，或150～300克/公顷的10％吡虫啉可湿性粉剂2 000～4 000倍液喷施。

h. 金针虫、地老虎、蛴螬等地下害虫　可施用0.38％苦参碱乳油500倍液，或750毫升/公顷的50％辛硫磷乳油1 000倍液，或950～1 900克/公顷的80％的敌百虫可湿性粉剂，用少量水溶化后和炒熟的棉籽饼或菜籽饼70～100千克拌匀，于傍晚撒在幼苗根的附近地面上诱杀。

i. 马铃薯块茎蛾　对有虫的种薯，室温下用溴甲烷35克/立方米或二硫化碳7.5克/立方米熏蒸3小时。在成虫盛发期可喷洒300～600毫升/公顷的2.5％高效氯氟氰菊酯乳油2 000倍液喷雾防治。

j. 二十八星瓢虫　发现成虫即开始喷药，用225～450毫升/公顷的20％的氰戊菊酯乳油3 000～4 500倍液，或2.25千克/公顷的80％的敌百虫可湿性粉剂500～800倍稀释液喷杀，每 10 天喷药 1 次，在植株生长期连续喷药 3 次，注意叶背和叶面均匀喷药，以便把孵化的幼虫全部杀死。

k. 螨虫　用 750～1 050 毫升/公顷的 73%炔螨特乳油 2 000～3 000 倍稀释液，或 0.9%阿维菌素乳油 4 000～6 000 倍稀释液，或施用其他杀螨剂，5～10 天喷药 1 次，连喷 3～5 次。喷药重点在植株幼嫩的叶背和茎的顶尖。

l. 规定以外其他药剂的选用，应符合《农药安全使用标准》和《农药合理使用准则》。

7. 采收　根据生长情况与市场需求及时采收。采收前若植株未自然枯死，可提前 7～10 天杀秧。收获后，块茎避免暴晒、雨淋、霜冻和长时间暴露在阳光下而变绿。产品质量应符合《无公害食品　马铃薯》（NY 5024）的要求。

8. 生产档案

（1）建立田间生产技术档案。

（2）对生产技术、病虫害防治和采收各环节所采取的主要措施进行详细记录。

三、马铃薯主产区存在的问题

1. 土壤有机质含量偏低　生产中存在的主要问题是有机肥施用量少，甚至不施。

2. 钾肥施用量不足　多数农民对钾肥的重要性认识不足，钾肥施用量低，甚至不施。

3. 化肥用量不合理　偏施氮肥，且用量大，磷肥用量不合理，养分不均衡，降低了养分的有效性。

四、马铃薯实施标准化生产的施肥

1. 马铃薯的配方施肥方法

（1）产量水平 1 000 千克/亩以下：马铃薯产量在 1 000 千克/亩以下的地块，氮肥用量推荐为 4～5 千克/亩、磷肥（P_2O_5）3～5 千克/亩、钾肥（K_2O）3～4 千克/亩，亩施农家肥在 1 000 千克以上。

（2）产量水平 1 000～1 500 千克/亩：马铃薯产量在 1 000～1 500 千克/亩的地块，氮肥用量推荐为 5～7 千克/亩、磷肥（P_2O_5）5～6 千克/亩、钾肥（K_2O）5～7 千克/亩，亩施农家肥在 1 000 千克以上。

（3）产量水平 1 500～2 000 千克/亩：马铃薯产量在 1 500～2 000 千克/亩的地块，氮肥用量推荐为 7～8 千克/亩、磷肥（P_2O_5）6～7 千克/亩、钾肥（K_2O）7～8 千克/亩，亩施农家肥在 1 000 千克以上。

（4）产量水平 2 000 千克/亩以上：马铃薯产量在 2 000 千克/亩以上的地块，氮肥用量推荐为 8～10 千克/亩、磷肥（P_2O_5）7～8 千克/亩、钾肥（K_2O）8～9 千克/亩，亩施农家肥在 1 000 千克以上。

2. 马铃薯基肥、种肥和追肥施用方法

（1）基肥：有机肥、钾肥、大部分磷肥和氮肥都应作基肥，磷肥最好和有机肥混合沤制后施用。基肥可以在秋季或春季结合耕地沟施或撒施。

（2）种肥：马铃薯每亩用 3 千克尿素、5 千克普钙混合 100 千克有机肥，播种时条施或穴施于薯块旁，有较好的增产效果。

（3）追肥：马铃薯一般在开花以前进行追肥，早熟品种应提前施用。开花以后不宜追施氮肥，以免造成茎叶徒长，影响养分向块茎的输送，造成减产。可根外喷洒磷钾肥。

第九节　莜麦的施肥方案

一、莜麦的施肥配方

（1）产量水平 50～75 千克/亩：莜麦产量在 50～75 千克/亩的地块，氮肥用量推荐为 3～3.5 千克/亩、磷肥（P_2O_5）1～2 千克/亩，亩施农家肥在 1 000 千克以上。

（2）产量水平 75～100 千克/亩：莜麦产量在 75～100 千克/亩的地块，氮肥用量推荐为 3.5～4.5 千克/亩、磷肥（P_2O_5）2～3 千克/亩，亩施农家肥在 1 000 千克以上。

（3）产量水平 100～150 千克/亩：莜麦产量在 100～150 千克/亩的地块，氮肥用量推荐为 4.5～5.5 千克/亩、磷肥（P_2O_5）4.5～6 千克/亩，亩施农家肥在 1 500 千克以上。

二、莜麦施肥方法

（1）基肥：基肥是莜麦全生育期养分的源泉，是提高莜麦产量的基础，因此莜麦都应重视基肥的施用，特别是旱地莜麦，有机肥、磷肥和氮肥以作基肥为主。基肥应在播种前一次施入田间，春旱严重、气温回升迟而慢、保苗困难的区域最好在头年结合秋深耕施基肥，效果更好。

（2）种肥：莜麦籽粒是禾谷类作物中最小的，胚乳贮藏的养分较少，苗期根系弱，很容易在苗期出现营养缺乏症，特别是晋北区莜麦苗期，磷素营养更易因地温低、有效磷释放慢且少而影响莜麦的正常生长。因此，每亩用 0.5～1.0 千克 P_2O_5 和 1.0 千克纯氮做种肥，可以收到明显的增产效果。种肥最好先用耧施入，然后再播种。

（3）追肥：莜麦的拔节孕穗期是养分需要较多的时期，条件适宜的地方可结合中耕培土用氮肥总量的 20%～30% 进行追肥。

第十节　耕地地力评价与无公害蔬菜生产对策研究

一、无公害蔬菜的标准

无公害蔬菜是指没有受到有害物质污染的蔬菜，在目前的条件下，只能有相对的标准，不能用绝对的标准来衡量，所以，无公害蔬菜实际上是指商品蔬菜中不含有某些规定不准含有的有毒物质，而对有些不可避免的有害物质则要控制在允许范围之下，保证人们的食用安全。归纳起来，无公害蔬菜除风味、营养含量合理外，必须满足以下条件：

1. 农药残留量不超标　无公害蔬菜不含有禁用的高毒农药，其他农药残留量不超过允许标准。

2. 硝酸盐含量不超标 食用蔬菜中硝酸盐含量不超过标准允许量，一般控制在 432 毫克/千克以下。

3. "三废"等有害物质不超标 无公害蔬菜必须避免环境污染造成的危害，商品菜的"三废"和病原微生物的有害物质含量不超过标准允许量。

二、无公害蔬菜生产技术规程

1. 无公害蔬菜生产规程 采用合理的农业生产技术措施，提高蔬菜的抗逆性，减轻病虫危害，减少农药施用量，是防止蔬菜污染的重要措施。

（1）因地制宜选用抗病品种和低富集硝酸盐的品种：尤其是对尚无有效防止方法的蔬菜病虫害，必须选用抗病虫品种。

（2）做好种子处理和苗床消毒工作：对靠种子、土壤传播的病害，要严格进行种子和苗床消毒，减少苗期病害，减少植株的用药量。

（3）适时播种：蔬菜播期与病虫害发生关系密切，要根据蔬菜的品种特性和当年的气候状况，选择适宜的播种期。

（4）培育壮苗：采用护根的营养钵、穴盘等方法育苗，及早炼苗，以减轻苗期病害，增强抗病力，适龄壮苗，带土移栽。

（5）实行轮作：合理安排品种布局，避免同种、同科蔬菜连作，实行水平轮作或其他轮作方式。

（6）加强田间管理，改进栽培方式：提倡深沟高厢栽培，避免田间积水，利于通风透光，降低植株间湿度，及时清除病、虫、残株，保持田园清洁。

（7）采用设施栽培的方式：通过大棚覆盖栽培，可以明显地减少降尘和酸性物的沉降，减少棚内土壤中重金属的含量。

2. 无公害蔬菜的病虫防治规程 在农药的施用上必须遵循以下原则：

（1）首先选择效果好，对人、畜和天敌都无害或毒性极微的生物农药或生化制剂。

（2）选择杀虫活性很高，对人畜毒性极低的特异性昆虫生长调节剂。

（3）选择高效低毒、低残留的农药。

（4）严格控制施药时间，在商品菜采收前严禁施用农药。叶菜收获前 7~12 天，茄果类采收前 2~7 天，瓜类蔬菜采收前 2~3 天，禁用农药。

3. 无公害蔬菜施肥技术规程 无公害蔬菜生产要求商品蔬菜硝酸盐含量不超过标准。目前商品蔬菜硝酸盐含量过高，主要原因是氮肥施用量过高，有机肥施用偏少，磷、钾肥搭配不合理而造成的。因此，必须通过合理的施肥技术使商品蔬菜硝酸盐含量降低到允许的标准之内。

（1）重视有机肥的施用：土壤中氮的浓度和施用氮肥的类型直接影响作物的抗病性、商品性和硝酸盐的含量。因此，使土壤保持疏松、肥沃，是使作物减少病虫害，获得优质、高产的技术关键。随着菜地长期施用无机肥，致使土壤严重缺乏有机磷、钾，土壤养分失去平衡，土壤中残留大量酸性物质，引起土壤板结酸化，使作物抗逆性下降，病虫害严重，品质变劣，所以，必须重视有机肥的使用。无公害蔬菜允许使用的肥料种类有：

①农家肥料。指含有大量的生物物质、动植物残体、排泄物和生物废物等物质的肥料。主要有堆肥、沤肥、厩肥、沼气肥、绿肥、作物秸秆和饼肥等。

②商品肥料。商品有机肥、腐殖酸类肥、微生物肥料、有机复合肥、无机（矿质）肥和叶面肥。

③无机化肥必须与有机肥配合施用。

④城市垃圾需经无害化处理，质量达国家标准后，才能限量使用。

（2）科学施用化肥：在无公害蔬菜生产中，除大力提倡增施有机肥外，必须科学施用化肥，根据作物需肥量，实行氮、磷、钾配方施肥。

（3）采用先进的施肥方法：化肥深施，既可减少肥料与空气接触，防止氮素的挥发，又可减少氨离子被氧化成硝酸根离子，降低对蔬菜的污染。根系浅的蔬菜和不易挥发的肥料宜适当浅施；根系深和易挥发的肥料宜适当深施。

（4）掌握适当的施肥时间：在商品菜临采收前，不能施用各种肥料。尤其是直接食用的叶类蔬菜，更要防止化肥和微生物的污染。最后一次追肥必须在收获前 30 天进行。

第十一节　胡麻高产栽培技术

胡麻是山西省六大油料作物（胡麻、花生、油菜籽、芝麻、向日葵、蓖麻）之一，面积 7.625 万公顷，占全省油料总播面积的 21.5％；总产量 56 589 吨，占全省油料总产量的 14.7％，位居油料作物之首。主要分布在大同市（9 个县、区）、朔州市（6 个县、区）、忻州市（14 个县、区）和吕梁市（8 个县、市），这 4 个市胡麻播种面积 7.01 万公顷，占全省胡麻播种面积的 91.9％；总产量 54 148 吨，占全省胡麻总厂量的 95.7％。因此，大力推广胡麻新品种及其高产栽培技术，必将对新荣区胡麻增产、农民增收起到举足轻重的作用。

一、选用优种，药肥浸种

1. 品种类型　选用丰产性高、抗病虫能力强、抗倒伏品种，目前主要有山西省农科院高寒研究所育成的晋亚 7 号和晋亚 8 号。

2. 种子质量　种子要达到国家标准二级以上，具体指标：纯度 98％，发芽率 95％，籽粒饱满，大小均匀。

3. 药剂拌种　用种子重量 0.3％～0.5％的 70％五氯硝基苯粉剂拌种，可防治胡麻立枯病和炭疽病。

二、精细整地，适期播种

准备种胡麻的地最好进行秋耕，翻耕时间越早越好。翻耕的深度要在 25 厘米以上，有条件的要施农家肥，每亩 2 000～3 000 千克。要耙平、耙细，做到上虚下实。播种适期一般掌握气温稳定在 5℃ 时为宜。一般在 5 月上中旬。如果过早，往往由于温度过低，影响种子发芽和出苗，甚至造成烂种，影响全苗；过晚，有效生育期缩短，会使生育期推迟，遭受晚霜灾害。

三、播深适宜，合理密植

胡麻是双子叶植物，播种时要严格掌握播种深度。播种过深，幼芽生长细弱，不能顶土出苗；播种过浅，容易被风吹干，也不能出苗。因此要根据土壤湿度、质地而定。适宜的播种深度一般掌握在 3 厘米左右为宜。土壤墒情好的地块，宜浅不宜深，墒情较差和整地粗糙的地块，可以深一点，但不能超过 3.5 厘米，否则会降低出苗率。亩播量 4～5 千克为宜，窄行条播，行距以 15～20 厘米为宜。每亩基本苗 35 万～45 万株。如果是旱地，盐碱地和地下害虫较多的地块，要适当多留一些苗。

四、中耕管理，早锄、细锄

胡麻从出苗到现蕾，约 40 天。在这段时期，苗生长比较缓慢，根系比地上部分生长快 6 倍，植株每昼夜只生长 0.1～0.2 厘米，而早春杂草每昼夜可生长 1～2 厘米，是胡麻生长速度的 10 倍。如不及时早锄去杂草，势必造成草苗齐生长，草大压苗，甚至形成草荒，降低产量。早锄还可以提高地温，疏松土壤，保墒，防止盐分上升，促进幼苗健壮生长。锄时要做到"头遍既早又认真，二遍要深不伤根"。第一遍在苗高 3～6 厘米时开始，这时幼苗较小，为防止压苗，要适当浅锄，约 3 厘米为宜；并且要锄细，达到地表疏松，垄无杂草，这样可以避免杂草与苗争夺水肥，有利于促进幼苗的生长。第二遍在苗高 15～18 厘米时，这时，胡麻将要现蕾，正是需水肥最多的时期。为促进根系发育，使根的吸收范围扩大，有利于吸收土壤中的养分、水分，可适当深锄，但不要伤根。

五、科学灌溉，结合追肥

根据胡麻需水规律，关键水肥在现蕾前，胡麻出苗 40 天左右，进入现蕾期。现蕾期是营养生长和生殖生长的旺盛期，也是决定胡麻产量的关键时期。因此要及时浇水、追肥、深锄，胡麻追肥以底肥为主，辅以氮肥，钾肥。有条件的地方应在胡麻第一次现蕾前进行第一次浇水，结合施追肥每亩施硫铵 10～15 千克或尿素 5 千克，旱地要在现蕾前的雨前追肥，以保证胡麻现蕾期对水肥的要求。胡麻进入现蕾期，进行第二次浇水追肥，以促进多分枝，多开花，多接硕果。这时期是胡麻生育最旺盛的阶段，占全生育期养分吸收量的 50% 左右。因此，现蕾期前和进入现蕾期，浇水，追肥，效果显著。

六、防治虫害

根据近年虫害发生的情况，主要害虫为地老虎和漏油虫，可采用综合防治法。

1. 地老虎

（1）农业措施：铲除田间杂草，集中处理。冬季耕翻土地晒垡，冻死越冬害虫。

（2）物理化学防治。一是糖醋毒球诱蛾。糖 3 份，加醋 3 份，水 10 份混合后，再按总量的 0.1％加入敌百虫晶体。用棉球浸沾糖醋毒液，夹入枯草把内，插入中间。二是黑光灯诱蛾。待成虫盛发期间，有条件者，可用 20 瓦的黑光灯诱蛾，然后集中处死。三是毒饵诱杀。用 90％敌百虫 0.5 千克，均匀喷在筛过的 50 千克麸皮上，拌匀后，傍晚每亩顺行撒 4～5 千克。四是 50％久效磷乳油 800～1 200 倍液，喷雾。

2. 漏油虫　较好的防治办法是分别使用 50％辛硫磷乳剂、20％杀虫畏乳油、50％叶蝉散乳剂稀释成 800～1 200 倍液，于每日下午喷治。

第十二节　鲜食玉米（甜、糯）高效栽培技术

目前，鲜食玉米市场需求量较大，发展鲜食玉米是农民增收的有效途径。鲜食玉米在栽培技术上和普通玉米有较大的不同。主要栽培技术是：

1. 选地　要选择土地肥沃的黏壤土，平坦浇灌方便的地块。

2. 选用适宜的品种　要根据当地环境条件和生产目的以及市场需求等因素综合考虑。一般应选用糯性好、质地柔嫩、香味纯正、果穗大小一致，结实饱满、籽粒排列整齐和种皮较薄的品种，目前糯玉米比较好的品种有：万糯 1 号、万黏 3 号、垦黏 1 号、彩糯 1 号，甜玉米可选用超甜 2000。

3. 合理安排播期　根据市场需求规律，本着效益最大化的原则，科学安排种植时间和面积，因为鲜食玉米的采收期很短，一般在授粉后 22～28 天，采收上市或加工，过早、过晚采收都会影响其商品质量，为延长上市和加工时间，应实行分期播种和早、中、晚品种搭配种植。

4. 精细整地，施足底肥　播前要认真耕地耙磨，使土地上虚下实无坷垃，亩施农家肥 2 000 千克、45％的复混肥（25 - 10 - 10）50 千克、硫酸锌 2 千克。

5. 空间隔离，时间隔离　种植鲜食玉米必须与其他类型玉米隔离，因甜、糯玉米在接受了其他玉米的花粉后，当代所结子就变成了普通玉米，所以甜、糯玉米种植区 300 米的地块不能种植普通玉米，如空间隔离不开，就采取播种期时间隔离，比普通玉米晚播 15～20 天，错开花期。

6. 播种　因甜、糯玉米种子顶土能力较弱，所以要求土壤墒情要好，不能深播，一般播种深度为 4～5 厘米，每穴播 2～3 粒种子。

7. 合理密植　为了取得较好的经济效益，必须协调好群体与个体之间的关系，争取较高的商品率。通过近几年的经验，种植万糯 1 号、万黏 3 号、超甜 2000 应掌握在每亩 2 800～3 000 株为宜。

8. 加强水肥管理　由于甜、糯玉米长势和吸收水肥能力不及普通玉米，所以在施足底肥的基础上还要追肥、浇水 3 次。第一次追肥浇水"一尺高"，就是说在拔节期，也就是在苗高 0.33 米左右，亩追尿素 5 千克；第二次肥水"正齐腰"，也即在大喇叭口期，亩追尿素 10 千克；第三次肥水"出毛毛"也即在吐丝期，亩追 5 千克尿素。

9. 及时去蘖　甜、糯玉米比普通玉米易产生分蘖，分蘖一般不能结实或极少结实，若发现分蘖要及时去蘖，减少养分消耗，而且要进行多次去蘖。

10. 人工辅助授粉　进入抽穗吐丝期，如遇高温、大风和下雨等不良气候条件，会出现秃尖和缺粒现象。通过人工辅助授粉可解决因自然授粉不足产生的秃尖和缺粒问题，一般在 9：00～11：00 进行人工辅助授粉，每隔 1～2 天进行 1 次，3～4 次便可达到目的，授粉后花丝迅速萎缩。

11. 及时防治病虫害　在新荣区主要是玉米红蜘蛛和双斑萤叶甲，如田间发生，可用高效氯氰菊酯或阿维菌素 2 000 倍液喷雾防治。

12. 适时采收　采收期主要是由"食味"决定的，以授粉后 25～28 天采收最佳，即玉米的乳熟期。采收过早，干物质和各种营养成分不足，糯性差；采收过晚风味差。采收一般以清晨低温时进行为宜，采收后保存时间不宜过长，存放时间超过 24 小时品质就变差，应该当天采收当天上市加工。

第十三节　绿豆地膜覆盖栽培技术

绿豆营养价值丰富，是高蛋白、中淀粉、低脂肪、医食同源作物，并含有多种维生素和矿质元素，是植物蛋白质的重要来源；绿豆药用价值明显，具有消炎、解毒、降压降胆固醇、抗癌（绿豆芽）的作用；绿豆植株蛋白质、脂肪含量较高，茎叶柔软，消化率高，是牲畜的优质饲料；绿豆适应性广，抗逆性强，喜温、耐旱、耐瘠，播种适期长，并有共生固氮、培肥地力的能力，是补种、填闲和救荒的优良作物。绿豆地膜覆盖技术，是用 0.007～0.012 毫米的聚乙烯塑料薄膜，从种到收覆盖在绿豆的垄背上，以增加有效积温，保持土壤湿度，促进绿豆生育进程加快，为绿豆高产稳产创造有利的生态环境条件。

一、绿豆地膜覆盖栽培关键技术

1. 选用优良品种　良种是绿豆获得高产的重要前提，大同市应根据本地的生产条件，搞好品种布局。一般中等地可使用中绿 1 号、中绿 2 号、鄂绿 2 号等品种，低产田选用明绿 245，或当地的优良品种。

2. 精细耕地，保证盖膜质量　地膜覆盖绿豆，在其生育过程中一般不进行中耕和根际施肥，覆膜质量的好坏直接关系地膜栽培的成败和产量的高低，只有覆严膜才能起到保贮热的作用。而能否覆严膜又决定于整地质量的好坏。在播种之前施足基肥、浅犁、细耙，一般深耕 15～20 厘米，斜耙 2～3 遍，使耕作层和地表达到深、松、细、平和净的标准。然后按种植要求起好垄。如果用除草剂，可在起垄后覆膜前喷洒。

3. 适时播种　大同地区地膜绿豆适宜的播种日期，一般应掌握播时气温大于 10℃，开花期气温不低于 23℃，以晚霜前 4～5 天播种为宜。地膜绿豆的播种方式直接影响增温、保湿效果和能否达到苗全、苗齐、苗壮的目的。在春旱较严重的大同地区，为了提前保墒，应采取先盖膜后打孔播种的方法，以减少土壤水分蒸发，保证苗全苗齐。一般垄宽 60～80 厘米、高 5～7 厘米、边沟宽 20 厘米。播种量每亩 0.75～1.0 千克，行距 40～50

厘米，穴距 20～25 厘米，每亩留苗 0.65 万～0.85 万。

4. 合理施肥 盖膜后的绿豆生态环境得到比较大的改善，施肥应掌握施足低肥，以有机肥料为主，重施磷、钾肥，轻施氮肥的原则，和先控后促、前期促壮苗早发、中期保花增荚，后期防早衰的方针。一般每亩施优质有机肥 1 500～2 000 千克、过磷酸钙 25～30 千克、尿素 5～8 千克。生长期间如出现脱肥现象，可进行叶面喷施。如遇春寒低温，可喷多菌灵和磷酸二氢钾混合液。一般在现蕾期喷 0.3％磷酸二氢钾和 2％尿素混合液；盛华期喷 0.3％磷酸二氢钾硼砂混合液，第一批荚收摘后再喷 2％的尿素和 0.3％磷酸二氢钾。

5. 护膜保温保湿 盖膜后要经常检查，发现垄沟内有薄膜外漏或垄上膜有破损时，应及时用细泥土盖严，防止漏气，降低温、湿度，风口处应在膜面上压一些土块，防止薄膜被风吹走，雨后积水要及时排放。

6. 及时引苗出膜，查苗、补苗并间苗、定苗 覆膜后的绿豆，膜面吸热快膜内地温高，放苗不及时易烧苗，但放苗早又易遭冻害，一般出苗后 11 天左右进行最好。对播后覆膜的地块，可在苗顶处用刀片划"人"字或"十"字口，把苗放出来随即用细土压好封口，以防进风而冻伤幼苗。对先覆膜后打孔播种的地块，要及时将播种孔上的泥土向四周撒开，如发现幼苗没有对准膜孔时应破膜放苗。对缺苗断垄的，要用事先育好的预备苗补苗。当幼苗第一片复叶展开后及时间苗，第二片复叶展开后开始定苗。

7. 适时收获 绿豆有分期开花、结实、成熟的特性，因此要及时收获。收获早，种子成熟度差，降低产量和品种；收摘过迟，荚上的成熟绿豆遇雨天会发芽或霉变，或遭鼠、鸟为害，影响产量和商品质量及下一批花荚形成。只有适时收获，才会颗粒饱满、色艳，丰产丰收。

二、绿豆地膜覆盖的增产原因

1. 调节土壤湿度 通过试验测定 0～20 厘米土壤含水量覆膜地块比不盖膜的土壤含水量高 2.5％左右，且各地层土壤湿度比较接近，能起到较好的保墒作用，解决大同市春旱播种难的问题。相反如雨多时，可起到防涝的作用。

2. 提高土壤温度 绿豆是喜温作物，在生长期间需要较高的温度。采用地膜覆盖栽培方法增温保温效果明显，一般膜内温度比露地日均增温 3.2℃左右，全生育期可增温 200℃左右，在大同市可以提早播种 12 天，使绿豆早生长，快发育，苗齐、苗壮，早开花早结荚，籽粒饱满，产量高。

3. 改善土壤理化性状，提高土壤保肥供肥能力 绿豆根能产生根瘤菌固氮，能直接补充土壤中的氮素，而且大量的残根、落叶可丰富土壤有机质，改善土壤结构。根还能吸收土壤中一些难以被其他作物吸收利用的磷、钾、钙元素，不断提高土壤肥力。

4. 加快生育进程，提高结荚率和产量 绿豆地膜覆盖栽培由于水、气、热协调较好，出苗齐、快，可提前 10 天，出苗率高 22％以上，全生育期缩短 13～16 天。主茎节数多 1.2 节，单株分枝多 1.6 个，单株荚数多 2～6 个，单荚粒数多 0.6 粒，产量提高 46％～53％。

图书在版编目（CIP）数据

大同市新荣区耕地地力评价与利用/贾天利主编．
—北京：中国农业出版社，2018.12
ISBN 978-7-109-24723-9

Ⅰ.①大… Ⅱ.①贾… Ⅲ.①耕作土壤－土壤肥力－
土壤调查－大同②耕作土壤－土壤评价－大同 Ⅳ.
①S159.225.4②S158

中国版本图书馆 CIP 数据核字（2018）第 235806 号

中国农业出版社出版
（北京市朝阳区麦子店街 18 号楼）
（邮政编码 100125）
责任编辑 杨桂华

中国农业出版社印刷厂印刷 新华书店北京发行所发行
2018 年 12 月第 1 版 2018 年 12 月北京第 1 次印刷

开本：787mm×1092mm 1/16 印张：11.25 插页：1
字数：280 千字
定价：80.00 元
（凡本版图书出现印刷、装订错误，请向出版社发行部调换）

大同市新荣区耕地地力等级图

级别	生产性能综合指数	面积（亩）	占总耕地面积（%）
I	0.79~0.85	70 929.40	14.47
II	0.76~0.81	139 755.74	28.50
III	0.69~0.76	163 203.90	33.29
IV	0.56~0.69	95 790.61	19.54
V	0.35~0.56	20 610.45	4.20

图 例

山西省土壤肥料工作站监制
山西农业大学资源环境学院承制
二〇一二年八月

1980 年西安坐标系
1956 年黄海高程系
高斯—克吕格投影

比例尺 1：250 000

大同市新荣区中低产田分布图

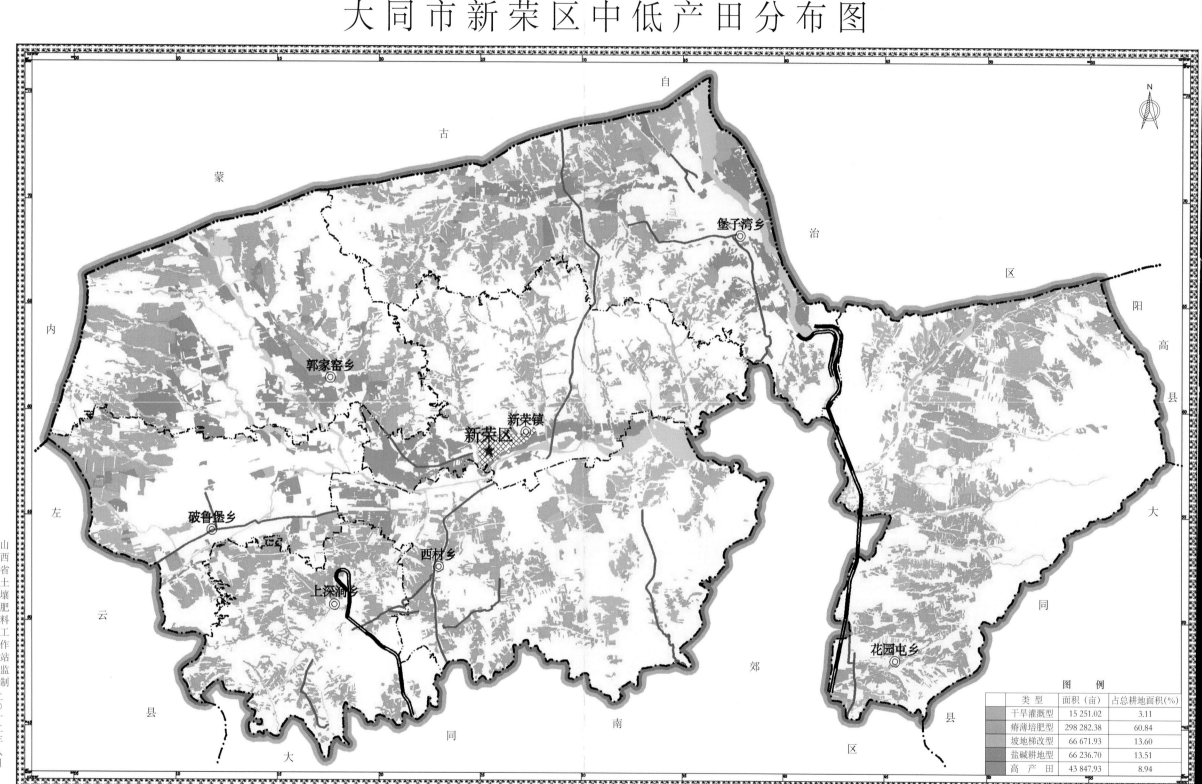

山西省土壤肥料工作站监制
山西农业大学资源环境学院承制
二〇一二年八月

图　例		
类　型	面积（亩）	占总耕地面积(%)
干旱灌溉型	15 251.02	3.11
瘠薄培肥型	298 282.38	60.84
坡地梯改型	66 671.93	13.60
盐碱耕地型	66 236.70	13.51
高　产　田	43 847.93	8.94

1980 年西安坐标系
1956 年黄海高程系
高斯—克吕格投影

比例尺　1：250 000